James Clerk Maxwell, L. Boltzmann

Über physikalische Kraftlinien

bremen
university
press

James Clerk Maxwell, L. Boltzmann

Über physikalische Kraftlinien

ISBN/EAN: 9783955622725

Auflage: 1

Erscheinungsjahr: 2013

Erscheinungsort: Bremen, Deutschland

bremen
university
press

Ueber

PHYSIKALISCHE KRAFTLINIEN.

Von

JAMES CLERK MAXWELL.

(Phil. Mag. 4. Ser. Bd. 21, S. 161, 281 und 338, 1861; Bd. 23, S. 12 und 85, 1862. Scient. Pap. Vol. I, S. 451.)

———

Herausgegeben

von

L. Boltzmann.

Mit 12 Figuren im Text.

———◆◆◆———

LEIPZIG

VERLAG VON WILHELM ENGELMANN

1898.

Ueber physikalische Kraftlinien.

Von

James Clerk Maxwell.

---

1. Theil.

Anwendung der Theorie der Molekularwirbel auf die Erscheinungen des Magnetismus.

Bei allen Phänomenen, wo Anziehungen oder Abstossungen oder irgend welche von der relativen Lage der Körper abhängige Kräfte vorkommen, haben wir die Grösse und Richtung der Kraft zu bestimmen, welche auf einen gegebenen Körper wirkt, wenn er sich in einer gegebenen Lage befindet.

In dem Falle, dass eine Kugel nach dem Gravitationsgesetze auf den gegebenen Körper wirkt [1]), ist diese Kraft dem Quadrate des Abstandes vom Centrum der Kugel verkehrt proportional und gegen dieses Centrum hin gerichtet. In dem Falle, dass zwei Kugeln oder ein Körper, dessen Gestalt von der Kugelform abweicht, anziehend wirken, variirt die Grösse und Richtung der Kraft nach complicirteren Gesetzen. Die Grösse und Richtung der bei den elektrischen und magnetischen Phänomenen in irgend einem Punkte wirkenden Gesammtkraft ist der Hauptgegenstand der [folgenden] Untersuchung. Wir setzen voraus, dass die Richtung der Kraft in jedem Punkte gegeben ist. Wenn wir dann eine Linie so ziehen, dass in jedem Punkte ihres Verlaufs ihre Richtung mit der Richtung der Kraft in diesem Punkte zusammenfällt, so soll diese Linie eine Kraftlinie heissen, da sie die Richtung der Kraft in jedem Punkte ihres Verlaufs angiebt.

Wenn wir eine genügende Anzahl von Kraftlinien zeichnen, so können wir daraus die Richtung der Kraft in jedem Punkte des Raumes, wo sie wirkt, ersehen.

1*

Wenn wir in der Nähe eines Magnetes Eisenfeilspäne auf
ein Papier streuen, so wird jeder Feilspan durch Induction
magnetisirt und die entgegengesetzten Pole je zweier sich folgender Feilspäne vereinigen sich, so dass diese Curven bilden,
welche in jedem Punkte die Richtung der Kraftlinien anzeigen.
Das schöne Bild des Verlaufs der magnetischen Kraft, welches
dieses Experiment bietet, erweckt in uns unwillkürlich die Vorstellung, dass die Kraftlinien etwas Reales seien und mehr anzeigen, als bloss die Resultirende zweier Kräfte, deren unmittel-
bare Ursache an einem ganz anderen Orte ihren Sitz hat, und
welche im Felde gar nicht existiren, bis ein Magnet an diese
Stelle des Feldes gebracht wird.   Wir sind unbefriedigt von
einer Erklärung, welche auf die Annahme einer gegen die
magnetischen Pole gerichteten Anziehung oder Abstossung
gegründet ist, selbst wenn wir uns überzeugt haben, dass die
Erscheinungen in vollständiger Uebereinstimmung mit dieser
Annahme sind, und wir können nicht umhin zu denken, dass
an jeder Stelle, wo wir diese Kraftlinien finden, ein gewisser
physikalischer Zustand oder eine Wirkung von genügender
Energie existiren muss, um die daselbst stattfindenden Erscheinungen hervorzubringen.

Der Zweck dieser Abhandlung ist, in dieser Hinsicht für
die Speculation den Weg zu bahnen, einerseits durch Untersuchung der mechanischen Wirkungen gewisser Spannungs-
und Bewegungszustände eines Mediums, andererseits durch
Vergleichung derselben mit den beobachteten Erscheinungen
des Magnetismus und der Elektricität. Ich hoffe, dass die
folgende Untersuchung der mechanischen Consequenzen einer
derartigen Hypothese denjenigen von einigem Nutzen sein
wird, welche die Phänomene der Wirkung eines Mediums zuschreiben, aber im Zweifel sind, wie aus dieser Ansicht die
experimentell festgestellten und bisher allgemein in der Sprache
anderer Hypothesen [der Fernwirkungstheorien] ausgedrückten
Gesetze zu erklären seien.

Ich habe in einer früheren Schrift*) versucht, eine klare
geometrische Vorstellung von der Beziehung des Verlaufs der
Kraftlinien zur Beschaffenheit des magnetischen Feldes zu
geben, wo sie gezogen sind. Indem ich von der Vorstellung
von Flüssigkeitsströmen Gebrauch machte, zeigte ich, wie die

---

*) Ueber *Faraday's* Kraftlinien. Cambr. phil. Trans. 10 p. 27,
1856. *Maxw.*, scient. pap. 1, p. 155. Diese Klassiker, Nr. 69.

Kraftlinien so gezogen werden können, dass ihre Anzahl die Stärke der Kraft giebt, dass also jede einzelne Linie eine Einheitskraftlinie genannt werden kann *); ich habe ferner den Verlauf dieser Linien an denjenigen Stellen untersucht, wo sie von einem Medium in ein anderes übergehen.

In derselben Abhandlung habe ich die geometrische Bedeutung des elektrotonischen Zustandes gefunden und die mathematischen Beziehungen zwischen dem elektrotonischen Zustande, dem Magnetismus, den elektrischen Strömen und der elektromotorischen Kraft abgeleitet, indem ich mich der mechanischen Bilder bloss zur Erleichterung der Vorstellung, nicht aber zur Angabe der Ursachen der Erscheinungen bediente.

Ich beabsichtige nun die magnetischen Phänomene von einem mechanischen Gesichtspunkte aus zu betrachten und zu untersuchen, welche Spannungen oder Bewegungen eines Mediums im Stande sind, die beobachteten mechanischen Phänomene hervorzubringen. Wenn wir durch dieselbe Annahme die Phänomene der magnetischen Anziehung mit denen des Elektromagnetismus und der Inductionsströme in Verbindung bringen können, so erhalten wir dadurch eine Theorie, deren Unrichtigkeit nur durch Experimente nachgewiesen werden könnte, welche unsere Kenntniss dieses Gebietes der Physik wesentlich erweitern würden [2]).

Der mechanische Zustand eines unter dem Einfluss magnetischer Kräfte stehenden Mediums wurde bald als eine Strömung, bald als ein Schwingungszustand oder als eine durch Druck, Zug oder Drillung etc. entstandene Lagenveränderung der Theile aufgefasst.

Ströme, welche vom Nordpol eines Magnets ausgehen und in dessen Südpol wieder eintreten, oder rund um einen elektrischen Strom herumfliessen, würden den Vortheil gewähren, dass man durch sie die geometrische Anordnung der [magnetischen] Kraftlinien genau darstellen könnte, wenn man aus mechanischen Principien die Phänomene der Anziehung, die Anordnung der Ströme selbst und deren stetige Fortdauer erklären könnte.

Schwingungen, welche von einem Mittelpunkt ausgehen, würden nach den Rechnungen von Professor *Challis* **) eine

---

*) Siehe *Faraday*'s Experimentaluntersuchungen 3122.
**) Phil. mag. 4. ser. 20, S. 431, 1860; Bd. 21, S. 65 u. 92, 1861.

mit der Anziehung nach diesem Centrum ähnliche Wirkung
erzeugen; aber selbst die Richtigkeit hiervon zugegeben, setzen
sich bekanntlich zwei Reihen von Schwingungen, welche sich
in demselben Raume fortpflanzen, nicht wie zwei Anziehungen
zu einer Resultirenden zusammen, sondern ihre Wirkung hängt
ebensowohl von ihrer Phase als von ihrer Intensität ab, und
sie gehen, wenn ihr weiteres Fortschreiten nicht behindert
wird, ohne irgend eine Wechselwirkung wieder auseinander[3]).
In der That haben die mathematischen Gesetze der Anziehungen
in keiner Weise Aehnlichkeit mit denen von Schwingungen,
während sie denen der Flüssigkeitsströme, der Leitung der
Wärme und Elektricität und des Verhaltens elastischer Körper
auffallend analog sind.

Im mathematischen Journal von Cambridge und Dublin
hat Prof. *William Thomson* im Januar 1847 *) eine mechanische
Darstellung der elektrischen, magnetischen und galvanischen
Kräfte mittelst der Deformationen eines elastischen Körpers
unter dem Einflusse elastischer Kräfte gegeben. Bei dieser
Darstellung müssen wir die Winkeldrehung jedes Volumelementes der magnetischen Kraft an der entsprechenden Stelle
und die Richtung der Axe dieser Drehung der Richtung der
magnetischen Kraft entsprechen lassen. Die absolute Verschiebung irgend eines Theilchens entspricht dann in Grösse und
Richtung dem, was ich den elektrotonischen Zustand genannt
habe, und die relative Verschiebung eines Theilchens gegen
die Theilchen seiner unmittelbaren Nachbarschaft entspricht
in Grösse und Richtung der Quantität des elektrischen Stromes
[Stromdichte] in diesem Punkte des Feldes. Diese Methode
der Darstellung bezweckt nicht, den Ursprung der beobachteten
Kräfte durch die Wirkung der Zugkräfte im elastischen Körper
zu erklären, sondern sie benutzt bloss die mathematische Analogie der beiden Probleme, um beim Studium beider die Vorstellung zu erleichtern.

Wir aber wollen nun die magnetische Kraft als eine Art
Druck oder Zug oder noch allgemeiner als eine Spannung im
Medium betrachten, [welches letztere Wort wir im selben Sinne
wie normale elastische Kraft gebrauchen].

Spannung ist die Wirkung und Gegenwirkung zwischen
zwei unmittelbar benachbarten Theilen eines Körpers und

---

*) II, S. 61, Math. and Phys. Pap. I S. 76.

besteht im Allgemeinen aus Druck- oder Zugkräften, welche an derselben Stelle des Mediums in verschiedenen Richtungen verschieden sein können.

Die nothwendigen Beziehungen zwischen diesen Kräften wurden mathematisch untersucht und es wurde bewiesen, dass der allgemeinste Typus einer elastischen Kraft in der Superposition dreier auf einander senkrechter Hauptdruck- oder Zugkräfte besteht[4]).

Wenn zwei Hauptspannungen gleich sind, so wird die dritte zu einer Symmetrieaxe des grössten oder kleinsten Druckes, während die Spannungen in allen zur Axe senkrechten Richtungen unter einander gleich sind.

Wenn alle drei Hauptspannungen gleich sind, so ist der Druck in jeder Richtung gleich und es existiren keine bestimmten Hauptrichtungen der elastischen Kraft, wofür der gewöhnliche hydrostatische Druck ein Beispiel ist.

Der allgemeinste Typus der elastischen Kräfte ist zur Darstellung der magnetischen Kräfte nicht geeignet, weil eine magnetische Kraftlinie zwar Richtung und Intensität, aber keine dritte Eigenschaft hat, welche die verschiedenen zu ihr senkrechten Richtungen so unterscheiden würde, wie z. B. beim polarisirten Lichtstrahl die verschiedenen zu diesem senkrechten Richtungen von einander charakteristisch verschieden sind *).

Wenn wir daher die magnetische Kraft in einem Punkte durch eine Spannung darstellen, so müssen wir voraussetzen, dass in jedem Punkte eine einzige Axe des grössten oder kleinsten Druckes vorhanden ist und alle Drucke rechtwinklig zu dieser Axe gleich sind. Man könnte einwenden, dass es nicht gestattet sei, eine Kraftlinie, welche wesentlich dipolar ist[5]), durch eine Hauptaxe der elastischen Kraft darzustellen, da letztere nothwendig isotrop ist, aber wir wissen, dass jedes Phänomen von Wirkung und Gegenwirkung in seinem Gesammtresultate isotrop ist, weil die Wirkungen der Kraft auf die Körper, zwischen denen sie wirkt, gleich und entgegengesetzt gerichtet sind, während die Natur und der Ursprung der auf einen der Körper wirkenden Kraft dipolar sein kann, wie bei der Anziehung zwischen einem Nord- und einem Südpole.

---

*) *Faraday*, Experimentaluntersuchungen 3252.

Wir wollen nun den mechanischen Effekt eines Spannungszustandes betrachten, welcher symmetrisch um eine Axe ist.
Wir können ihn in allen Fällen aus einem einfachen hydrostatischen Drucke und einem einfachen Drucke oder Zuge längs
der Axe zusammensetzen. Wenn die Axe die eines grössten
Druckes ist, so wird die Kraft in der Richtung der Axe ebenfalls ein Druck sein. Ist sie dagegen eine Axe kleinsten
Druckes, so ist die Kraft längs der Axe eine Zugkraft.

Wenn wir die Kraftlinien zwischen zwei Magneten, wie
sie durch Eisenfeilicht sichtbar gemacht werden können, betrachten, so sehen wir, dass jedes Mal, wenn die Linien von
einem Pole zum andern gehen, zwischen beiden Polen eine
Anziehung stattfindet, wenn dagegen die Kraftlinien der beiden Pole sich ausweichen und alle in den unendlichen
Raum hinausgehen, so stossen sich die Pole ab, so dass sie
in beiden Fällen in der Richtung gezogen werden, wohin die
Kraftlinien im Durchschnitte sich hinneigen. Es ist daher
offenbar, dass die Spannung in der Richtung der Axe jeder
Kraftlinie eine Zugkraft ist, gleich der einer gespannten
Schnur.

Wenn wir die Kraftlinien in der Nachbarschaft zweier
gravitirender Körper berechnen, so finden wir dieselben in
ihrem Verlaufe vollkommen gleich denen in der Nähe zweier
gleichnamiger Magnetpole; aber wir wissen, dass der mechanische Effekt der einer Anziehung, nicht aber einer Abstossung ist. Die Kraftlinien laufen in diesem Falle nicht
von einem Körper gegen den anderen, sondern sie fliehen einander und zerstreuen sich alle im Raume. Um den Effekt einer
Anziehung zu erzeugen, muss die Spannung längs einer Linie
der Gravitationskraft ein Druck sein [wie der eines verkürzten
elastischen Stabes].

Wir wollen nun voraussetzen, dass die magnetischen Erscheinungen durch das Vorhandensein einer Zugkraft in der
Richtung der Kraftlinien in Verbindung mit einem [nach allen
Richtungen gleichen] hydrostatischen Drucke bedingt sind, oder
mit anderen Worten, durch einen Druck, welcher in der
äquatorialen Richtung grösser als in der axialen ist. Die
nächste Frage ist dann, welche mechanische Erklärung wir
für diese Druckungleichheit in einem flüssigen oder doch allseitig beweglichen Medium geben können. Die Erklärung,
welche sich uns zunächst bietet, ist die, dass der Ueberschuss
des Druckes in äquatorialer Richtung von der Centrifugalkraft

von Wirbeln oder Strudeln im Medium herrührt, deren Axen durchaus die Richtung der Kraftlinien haben.

Diese Erklärung der Ursache der Druckungleichheit bietet zugleich ein Mittel, um den dipolaren Charakter der Kraftlinien wiederzugeben. Jeder Wirbel ist wesentlich dipolar, da die beiden Enden seiner Axe durch den Sinn unterschieden sind, in welchem für ein von dem betreffenden Ende herblickendes Auge die Umdrehung zu geschehen scheint.

Wir wissen auch, dass, wenn Elektricität einen [ringförmigen] Leiter durchfliesst, dadurch Kraftlinien erzeugt werden, welche durch die vom Ringe umschlossene Fläche hindurchgehen, und dass die Richtung der Kraftlinien von der Richtung der elektrischen Strömung abhängt. Wir wollen [willkürlich] annehmen, dass die Umdrehungsrichtung der eine beliebige Kraftlinie darstellenden Wirbel dieselbe ist, in welcher Glaselektricität einen um die Kraftlinie herumlaufenden Stromkreis durchfliessen muss, um Kraftlinien zu erzeugen, deren Richtung innerhalb des Stromkreises dieselbe ist, wie die der gegebenen Kraftlinie [6]).

Wir wollen nun voraussetzen, dass alle Wirbel in irgend einem [kleinen] Theil des Feldes im selben Sinne um nahe parallele Axen sich drehen, dass aber, wenn man von einem Theile des Feldes zu einem anderen übergeht, die Richtung der Axen, die Rotationsgeschwindigkeit und die Dichte der wirbelnden Substanz sich ändern kann. Wir wollen die resultirende mechanische Wirkung auf ein Element des Mediums untersuchen und die physikalische Bedeutung der verschiedenen Glieder des mathematischen Ausdrucks für dieselbe kennen lernen.

Satz I. Wenn in zwei geometrisch ähnlichen Systemen von Flüssigkeiten die Geschwindigkeiten in correspondirenden Punkten proportional sind und analoges von den Dichten in correspondirenden Punkten gilt, so verhalten sich die in correspondirenden Punkten durch die Bewegung erzeugten Druckdifferenzen wie die Quadrate der Geschwindigkeiten und die ersten Potenzen der Dichten [7]).

Sei l das Verhältniss der Lineardimensionen, m das der Geschwindigkeiten, n das der Dichten und p das der durch die Bewegung erzeugten Drucke; dann ist l^3n das Verhältniss der Massen correspondirender Volumelemente und m das Verhältniss der Geschwindigkeiten, welche dieselben bei Zurücklegung ähnlicher Wege erlangen, so dass l^3mn das Verhältniss der Bewegungsmomente ist, welche ähnliche Flüssigkeitstheile bei Zurücklegung ähnlicher Wegtheile erlangen.

Das Verhältniss ähnlicher Flächen ist l^2, das der darauf wirkenden Druckkräfte $l^2 p$ und das der Zeiten, während welcher sie wirken, $\frac{l}{m}$, so dass das Verhältniss der Impulse dieser Kräfte $\frac{l^3 p}{m}$ ist. Wir erhalten also:

$$l^3 mn = \frac{l^3 p}{m}$$

oder

$$m^2 n = p;$$

d. h. das Verhältniss der durch die Bewegung erzeugten [auf die Flächeneinheit bezogenen] Drucke (p) ist gleich dem Producte des Verhältnisses der Dichten (n) und des Quadrates des Verhältnisses der Geschwindigkeiten m^2 und hängt nicht ab von den linearen Dimensionen der bewegten Systeme.

Wenn in einem Wirbel von kreisförmigem Querschnitte, der mit gleichmässiger Winkelgeschwindigkeit sich dreht, der Druck in der Axe gleich p_0 ist, so ist der am Umfange $p_1 = p_0 + \frac{1}{2}\varrho v^2$, wobei ϱ die Dichte und v die Geschwindigkeit am Umfange ist. Der mittlere Druck parallel der Axe ist:

$$p_0 + \tfrac{1}{4}\varrho v^2 = p_2.$$

Wenn eine Zahl solcher Wirbel mit parallelen Axen dicht gedrängt aneinander liegt, so würden sie ein Medium bilden, in welchem ein Druck p_2 parallel den Axen und ein Druck p_1 in irgend einer darauf senkrechten Richtung herrschen würde. Wenn die Querschnitte der Wirbel kreisförmig sind und in jedem die Winkelgeschwindigkeit und Dichte an allen Stellen dieselbe ist [vgl. was in Anmerkung 8 nach Gleichung 5 folgt], so ergiebt sich also aus dem Obigen:

[1a] $p_1 - p_2 = \tfrac{1}{4}\varrho v^2.$

Wenn die Wirbel keinen kreisförmigen Querschnitt haben und die Winkelgeschwindigkeit und Dichte nicht in jedem Wirbel an allen Stellen dieselbe ist, aber für alle Wirbel nach demselben Gesetze variirt, [so können wir setzen]:

[1b] $p_1 - p_2 = C\varrho v^2,$

wo ϱ die mittlere Dichte und C ein numerischer Werth ist, welcher von der Vertheilung der Winkelgeschwindigkeiten und Dichten in jedem Wirbel abhängt[8]).

Wir wollen im Folgenden $\dfrac{\mu}{4\,\pi}$ statt $C\varrho$ schreiben, so dass

$$1)\qquad\qquad p_1 - p_2 = \frac{\mu v^2}{4\,\pi}$$

wird, wo μ eine der Dichte proportionale Grösse und v die [lineare, nicht Winkel-] Geschwindigkeit an dem Umfange jedes Wirbels ist.

Ein Medium von dieser Beschaffenheit, welches mit Molekularwirbeln erfüllt ist, deren Axen parallel sind, unterscheidet sich von einer ganz gewöhnlichen Flüssigkeit dadurch, dass es in verschiedenen Richtungen einen verschiedenen Druck ausübt. Es strebt, sich in äquatorialer Richtung auszudehnen, wenn es nicht durch einen entsprechend angeordneten Gegendruck daran verhindert wird. Wenn es sich wirklich ausdehnen würde, so würde dadurch der Querschnitt jedes Wirbels vergrössert und seine Geschwindigkeit im selben Verhältnisse verkleinert. Damit sich ein Medium, in welchem derartige Druckungleichheiten nach verschiedenen Richtungen herrschen, im Gleichgewicht befinde, müssen bestimmte Bedingungen erfüllt sein, welche wir nun untersuchen wollen.

Satz II. Die Richtungscosinus der Axe der Wirbel bezüglich der Coordinatenaxen seien l, m und n. Es sollen die normalen und tangentialen Spannungen gefunden werden, welche auf Flächen wirken, die den Coordinatenebenen parallel sind.

Die wirkliche Spannung kann zusammengesetzt werden aus einem einfachen hydrostatischen Drucke p_1, welcher nach allen Richtungen gleichmässig wirkt, und einer Zugkraft $p_1 - p_2$ oder $\dfrac{\mu v^2}{4\,\pi}$, welche nur in der Richtung der Wirbelaxen wirkt. Wir wollen mit p_{xx}, p_{yy}, p_{zz} die normalen elastischen Kräfte parallel den drei Coordinatenaxen bezeichnen, welche wir mit positivem Zeichen nehmen, wenn sie ein der betreffenden Axe paralleles Längenstück zu vergrössern streben. Mit p_{yz}, p_{zx} und p_{xy} aber bezeichnen wir die tangentialen elastischen Kräfte, welche auf drei den Coordinatenebenen parallele Flächen wirken, und nehmen sie mit positivem Zeichen, wenn sie gleichzeitig die unten angesetzten Symbole

zu vergrössern streben [9]). Dann findet man durch Zerlegung
der elastischen Kräfte in Componenten [*]):

$$p_{xx} = \frac{1}{4\pi}\mu v^2 l^2 - p_4,$$

$$p_{yy} = \frac{1}{4\pi}\mu v^2 m^2 - p_4,$$

$$p_{zz} = \frac{1}{4\pi}\mu v^2 n^2 - p_4,$$

$$p_{yz} = \frac{1}{4\pi}\mu v^2 mn,$$

$$p_{zx} = \frac{1}{4\pi}\mu v^2 nl,$$

$$p_{xy} = \frac{1}{4\pi}\mu v^2 lm \quad [10]).$$

Wenn wir

$$\alpha = vl, \quad \beta = vm \text{ und } \gamma = vn$$

setzen, so wird

$$p_{xx} = \frac{1}{4\pi}\mu \alpha^2 - p_4, \quad p_{yz} = \frac{1}{4\pi}\mu \beta\gamma,$$

$$p_{yy} = \frac{1}{4\pi}\mu \beta^2 - p_4, \quad p_{zx} = \frac{1}{4\pi}\mu \gamma\alpha,$$

2) $$p_{zz} = \frac{1}{4\pi}\mu \gamma^2 - p_4, \quad p_{xy} = \frac{1}{4\pi}\mu \alpha\beta.$$

Satz III. Berechnung der resultirenden Kraft auf ein
[Volum] Element des Mediums, welche von der Veränderlichkeit der inneren Spannungen [von Punkt zu Punkt in Folge
der Wirbel] herrührt.

Für die Kraftcomponente, welche in der Abscissenrichtung
auf die Volumeneinheit wirkt, findet man durch Betrachtung
des Gleichgewichts der elastischen Kräfte [**]) allgemein den
Ausdruck:

3) $$X = \frac{d}{dx}p_{xx} + \frac{d}{dy}p_{xy} + \frac{d}{dz}p_{xz}.$$

---

[*]) *Rankine*'s Applied Mechanics art. 106.
[**]) *Rankine* l. c. art. 116, [*Lamé* l. c. 3. leçon Gleich. 4, *Kirchhoff* l. c. 11. Vorles. Gleich. 29, *Clebsch* l. c. § 12 Gleich. 24.].

Dieser Ausdruck kann in unserem Falle in der Form geschrieben werden:

$$4) \quad X = \frac{1}{4\pi}\left(\frac{d(\mu\alpha)}{dx}\alpha + \mu\alpha\frac{d\alpha}{dx} - 4\pi\frac{dp_4}{dx} + \frac{d(\mu\beta)}{dy}\alpha + \mu\beta\frac{d\alpha}{dy} \right.$$
$$\left. + \frac{d(\mu\gamma)}{dz}\alpha + \mu\gamma\frac{d\alpha}{dz} \right).$$

Da

$$\alpha\frac{d\alpha}{dx} + \beta\frac{d\beta}{dx} + \gamma\frac{d\gamma}{dx} = \tfrac{1}{2}\frac{d}{dx}(\alpha^2 + \beta^2 + \gamma^2)$$

ist, so kann man auch schreiben:

$$5) \quad X = \alpha\frac{1}{4\pi}\left(\frac{d}{dx}(\mu\alpha) + \frac{d}{dy}(\mu\beta) + \frac{d}{dz}(\mu\gamma) \right)$$
$$+ \frac{1}{8\pi}\mu\frac{d}{dx}(\alpha^2 + \beta^2 + \gamma^2) - \mu\beta\frac{1}{4\pi}\left(\frac{d\beta}{dx} - \frac{d\alpha}{dy} \right)$$
$$+ \mu\gamma\frac{1}{4\pi}\left(\frac{d\alpha}{dz} - \frac{d\gamma}{dx} \right) - \frac{dp_4}{dx}.$$

Die Ausdrücke für die in der y- und z-Richtung wirkende Kraft können daraus durch cyklische Vertauschung abgeleitet werden.

Wir haben nun jedes Glied dieses Ausdrucks zu interpretiren.

Wir setzen voraus, dass α, β, γ die Componenten der Kraft sind, welche auf einen an der betreffenden Stelle befindlichen Nordpol von der Stärke 1 wirken würde. μ stellt die magnetische inductive Capacität des Mediums an der betreffenden Stelle relativ gegen Luft dar. $\mu\alpha$, $\mu\beta$, $\mu\gamma$ stellen die Quantität der magnetischen Induction durch eine Fläche vom Flächeninhalt 1 dar, wenn diese senkrecht auf der x- resp. y- oder z-Achse steht.

Der Gesammtbetrag der magnetischen Induction durch eine geschlossene Fläche, welche den Pol eines Magnets umgiebt, hängt nur von der Stärke dieses Poles ab, so dass, wenn $dx\,dy\,dz$ ein Volumelement ist, der Ausdruck

$$6) \quad \left(\frac{d}{dx}\mu\alpha + \frac{d}{dy}\mu\beta + \frac{d}{dz}\mu\gamma \right)dx\,dy\,dz = 4\pi m\,dx\,dy\,dz,$$

welcher den Gesammtbetrag der nach aussen gerichteten
magnetischen Induction durch die gesammte Oberfläche des
Volumelementes $dx\,dy\,dz$ giebt, die Gesammtmenge der »fingirten magnetischen Masse« im Volumelemente darstellt, welche
als Nordmagnetismus oder Südmagnetismus zu denken ist, je
nachdem dieser Ausdruck positiv oder negativ ist[11]).

Das erste Glied der rechten Seite im Ausdrucke 5 für
die Kraft X:

$$7) \qquad \alpha\frac{1}{4\pi}\left(\frac{d}{dx}\mu\alpha + \frac{d}{dy}\mu\beta + \frac{d}{dz}\mu\gamma\right)$$

kann also in der Form geschrieben werden:

$$8) \qquad\qquad \alpha\,m\,,$$

wo α die Intensität der magnetischen Kraft und m die Dichte
der nordmagnetischen Masse im betreffenden Punkte ist.

Die physikalische Bedeutung dieses Gliedes ist also die
folgende: die Kraft, welche einen Nordpol in der positiven
Abscissenrichtung treibt, ist das Product der Intensität der
Componente der magnetischen Kraft in dieser Richtung in die
Stärke des betreffenden Nordpols[12]).

Es mögen die in Fig. 1 von links nach rechts gezogenen
parallelen Linien ein
homogenes Feld
magnetischer Kraft,
wie das des Erd-
magnetismus darstel-
len, und $s\,n$ mag die
Richtung von Süd
nach Nord sein. Die
Wirbel werden dann
unserer Theorie ge-
mäss in der Richtung

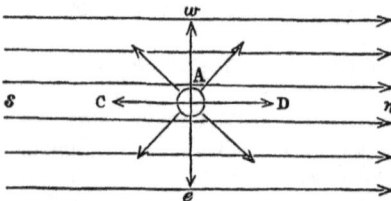

Fig. 1.

der kleinen Pfeile der Fig. 2 rotiren, d. h. in einer Ebene
senkrecht zu den Kraftlinien im Sinne des
Uhrzeigers für ein Auge, das von s her
darauf blickt. Die wirbelnden Flüssigkeitstheilchen, welche sich vor [oberhalb] der
Ebene der Zeichnung befinden, werden nach e
[Osten], die, welche sich hinter [unterhalb]
der Zeichnungsebene befinden, nach w [Westen]
bewegen.

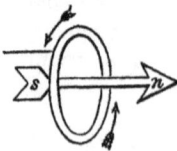

Fig. 2.

Wir wollen durch einen Pfeil immer die Richtung ausdrücken, von woher das Auge auf die Wirbel blicken muss, damit sie für dasselbe im Sinne des Uhrzeigers rotiren. Der Pfeil zeigt dann nach der Nordrichtung des Feldes, d. h. nach der Richtung, in welcher ein an diese Stelle gebrachter Nordpol gezogen wird.

Nun sei A der Nordpol eines Magnets. Da er die Nordpole anderer Magnete abstösst, so werden die Kraftlinien in A beginnen und von dort in das Medium hinein gerichtet sein. Die Kraftlinie AD auf der Nordseite von A hat den gleichen Sinn wie die des magnetischen Feldes; die Geschwindigkeit der Wirbel wird also auf dieser Seite erhöht. Die Kraftlinie AC, welche von A gegen die Südseite hin ausgeht, hat die entgegengesetzte Richtung, vermindert daher die Geschwindigkeit der Wirbel des Feldes, so dass die Kraftlinien auf der Nordseite von A stärker als auf der Südseite sind.

Wir haben gesehen, dass durch die mechanische Wirkung der Wirbel ein Zug längs ihrer Axen erzeugt wird; daher besteht die resultirende Wirkung auf den Pol A darin, dass er stärker gegen D als gegen C gezogen wird, d. h. der Pol A wird gegen Norden gezogen.

In Figur 3 sei B ein Südpol; die durch ihn bedingten Kraftlinien laufen daher von aussen gegen den Punkt B hin und verstärken die Kraftlinien des Feldes auf der Südseite E, schwächen sie aber auf der Nordseite F, so dass die Gesammtwirkung auf B eine gegen Süden ziehende Kraft ist. Man sieht daher, dass in der

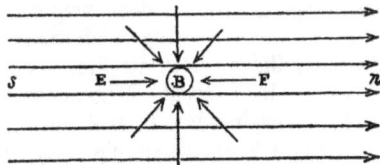

Fig. 3.

Theorie der Molekularwirbel das erste Glied der Gleichung 5 die mechanische Erklärung der Kräfte liefert, welche auf einen in das Feld gebrachten Nord- oder Südpol wirken.

Wir gehen nun zur Prüfung des zweiten Gliedes,

$$[8a] \qquad \frac{1}{8\pi} \mu \frac{d}{dx}(\alpha^2 + \beta^2 + \gamma^2)$$

über. Hier ist $\alpha^2 + \beta^2 + \gamma^2$ das Quadrat der Intensität [Feldstärke] und μ die magnetische inductive Capacität [Magnetisirungszahl] an irgend einer Stelle des Feldes. Jeder in das

Feld gebrachte Körper wird daher nach den Stellen grösserer
Feldintensität mit einer Kraft getrieben, welche dem Producte
seiner eigenen magnetischen inductiven Capacität und des
Differenzialquotienten des Quadrates der Feldstärke in der
betreffenden Richtung proportional ist.

Wenn der Körper von einer Flüssigkeit umgeben ist, so
wird dieselbe ebenso wie der Körper gegen die Orte grösserer
Feldstärke hingezogen, so dass ihr hydrostatischer Druck
[welcher durch das letzte Glied der Gleichung 5 dargestellt
wird] in dieser Richtung wächst. Die resultirende Wirkung
auf einen in eine Flüssigkeit eingetauchten Körper ist also
die Differenz der Wirkungen auf den Körper und auf die von
ihm verdrängte Flüssigkeit, so dass der Körper gegen Orte
grösserer magnetischer Feldstärke zu- oder von diesen hin-
weggetrieben wird, je nachdem seine magnetische inductive
Capacität grösser oder kleiner als die des umgebenden
Mediums ist.

In Fig. 4 sind die Kraftlinien gegen rechts convergirend
gezeichnet, so dass die magnetische Feldintensität rechts bei B
grösser als links bei A ist und der
Körper AB von A gegen B, also nach
rechts hingetrieben wird. Wenn die
specifische magnetische Inductionscapa-
cität in dem Körper grösser ist als in
dem umgebenden Medium, so bewegt
er sich nach rechts, im umgekehrten

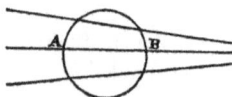

Fig. 4.

Falle nach links. Den in Fig. 4 dargestellten Verlauf haben
die gegen einen rechts liegenden magnetischen Nord- oder
Südpol convergirenden Kraftlinien [13].

In Figur 5 verlaufen die Kraftlinien nahezu vertical, sind
aber gegen rechts dichter gedrängt. Man kann beweisen,
dass, wenn die Kraft nach rechts hin wächst,
die Kraftlinien so gekrümmt sein müssen, dass
sie ihre concave Seite nach rechts wenden [14].
Die Wirkung der magnetischen Spannung besteht
dann ebenfalls darin, dass der Körper mit einer
Kraft nach rechts gezogen wird, welche dem
Ueberschusse seiner magnetischen inductiven
Capacität über die des umgebenden Mediums
proportional ist.

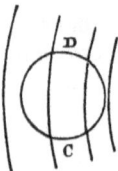

Fig. 5.

Wir können uns vorstellen, dass die in Fig. 5 gezeichneten Kraftlinien von einem zur Ebene der Zeichnung senk-

rechten und diese rechts vom Körper CD durchstechenden Strome herrühren.

Diese zwei Beispiele versinnlichen die mechanische Wirkung auf einen paramagnetischen oder diamagnetischen Körper, welcher sich in einem Felde von veränderlicher Intensität befindet, sowohl wenn die Richtung, nach welcher die magnetische Kraft zunimmt, mit der der Kraftlinien zusammenfällt, als auch wenn sie darauf senkrecht ist. Die Form des zweiten Gliedes der Gleichung 5 drückt das allgemeine Gesetz dieser Wirkung aus, welche von der Richtung der Kraftlinien vollständig unabhängig ist und nur von der Art und Weise abhängt, wie die Stärke der Kraft von einem Punkte des Feldes zum anderen sich ändert.

Wir kommen nun zu dem dritten Gliede in dem Ausdrucke für X:

[8b] $$- \mu\beta\frac{1}{4\pi}\left(\frac{d\beta}{dx} - \frac{d\alpha}{dy}\right).$$

Hier ist $\mu\beta$ wie früher die Quantität der magnetischen Induction durch eine auf der y-Axe senkrecht stehende Fläche vom Flächeninhalte 1, und

[8c] $$\frac{d\beta}{dx} - \frac{d\alpha}{dy}$$

ist ein Ausdruck, welcher verschwinden würde, wenn

$$\alpha\,dx + \beta\,dy + \gamma\,dz$$

ein vollständiges Differentiale wäre, d. h. wenn die auf einen Magnetpol wirkende Kraft die Bedingung erfüllen würde, dass bei einer Bewegung desselben in einer geschlossenen Bahn ihre Gesammtarbeit stets verschwindet. Der Ausdruck (8c) stellt die Arbeit dar, welche die auf einen Nordpol von der Intensität 1 wirkende Kraft leistet, wenn dieser ein ebenes, der xy-Ebene paralleles Flächenstück vom Flächeninhalte 1 in dem Sinne umkreist, in dem man den Coordinatenursprung umkreisen muss, um auf kürzestem Wege von der positiven x-Axe zur positiven y-Axe zu gelangen. Wir wollen uns die positive z-Axe nach aufwärts, die positive x-Axe nach Ost, die positive y-Axe nach Nord gezogen denken [englisches Coordinatensystem]. Wenn dann ein elektrischer Strom von der Intensität r die z-Axe von der negativen gegen die positive Richtung hin durchfliesst, so wird ein Nordpol von der Stärke 1 um dieselbe in dem Sinne herumgetrieben, in dem man von

der positiven x-Axe zur positiven y-Axe auf kürzestem Wege
gelangt, und die bei einem vollständigen Umlaufe gethane Arbeit
ist gleich $4\pi r$. Daher ist

$$\frac{1}{4\pi}\left(\frac{d\beta}{dx} - \frac{d\alpha}{dy}\right)$$

die Intensität des in der Richtung der z-Axe durch die Flächeneinheit fliessenden elektrischen Stromes [15]), und wenn wir

9)
$$\frac{1}{4\pi}\left(\frac{d\gamma}{dy} - \frac{d\beta}{dz}\right) = p,$$

$$\frac{1}{4\pi}\left(\frac{d\alpha}{dz} - \frac{d\gamma}{dx}\right) = q, \quad \frac{1}{4\pi}\left(\frac{d\beta}{dx} - \frac{d\alpha}{dy}\right) = r$$

setzen, so sind p, q, r die Quantitäten des durch drei Flächen-
stücke vom Flächeninhalte 1, welche auf den drei Coordinatenaxen senkrecht sind, fliessenden elektrischen Stromes [die nach
den Coordinatenrichtungen geschätzten Stromdichten].

Die physikalische Deutung des 3. Gliedes — $\mu\beta r$ im
Ausdrucke für X ist daher die, dass, wenn $\mu\beta$ die Quantität
der magnetischen Induction in der y-Richtung und r die
Quantität des elektrischen Stromes in der z-Richtung ist, das
Volumelement in der negativen x-Richtung senkrecht sowohl
zu den Kraftlinien als auch zur Stromrichtung getrieben wird,
d. h. ein aufsteigender elektrischer Strom wird in einem Kraftfelde, dessen magnetische Kraft nach Norden gerichtet ist,
nach Westen getrieben.

Um die Wirkung der Molekularwirbel zu versinnlichen, sei
in Fig. 6 sn die Richtung der magnetischen Kraft des Feldes
und C der Querschnitt eines nach aufwärts
[gegen den Beschauer] senkrecht zur Ebene
der Zeichnung fliessenden elektrischen Stromes.
Die von diesem Strome herrührenden Kraftlinien
sind Kreise, welche in der der Uhrzeiger-
bewegung entgegengesetzten Richtung $nw's e$
laufen. In e summiren sich die vom Felde und
vom Strome herrührenden Kraftlinien, in w aber
wirken sie sich entgegen, so dass die Wirbel
auf der Ostseite [e] stärker als die auf der
Westseite [w] sind. Beide Gattungen von Wir-
beln wenden ihre äquatoriale Seite gegen C [ihre Axe hat die
gegen C tangentiale Richtung], so dass sie gegen C hin sich

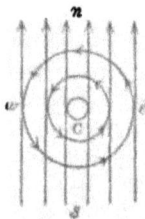

Fig. 6.

anszudehnen suchen, und da die auf der Ostseite die grösste Wirkung haben, so wird der Strom gegen Westen getrieben.

Das vierte Glied:

$$10) \qquad + \mu\gamma\frac{1}{4\pi}\left(\frac{d\alpha}{dz} - \frac{d\gamma}{dx}\right) \quad \text{oder} \quad + \mu\gamma q$$

kann in derselben Weise gedeutet werden und zeigt an, dass ein Strom q, welcher in der y-, also in der Nordrichtung fliesst, in ein magnetisches Feld γ gebracht, dessen Kraftlinien in der positiven z-Richtung, also vertical nach aufwärts verlaufen, gegen Osten getrieben wird.

Das fünfte Glied:

$$11) \qquad -\frac{dp_{\shortmid}}{dx}$$

drückt lediglich aus, dass das Volumelement nach der Richtung getrieben wird, in welcher der hydrostatische Druck $p_{\shortmid}$ abnimmt [16]).

Wir können jetzt die Ausdrücke für die Componenten der resultirenden Kraft auf ein Volumelement des Mediums (bezogen auf die Volumeneinheit) in der folgenden Form schreiben:

$$12) \qquad X = \alpha m + \frac{1}{8\pi}\mu\frac{d}{dx}(v^2) - \mu\beta r + \mu\gamma q - \frac{dp_{\shortmid}}{dx}$$

$$13) \qquad Y = \beta m + \frac{1}{8\pi}\mu\frac{d}{dy}(v^2) - \mu\gamma p + \mu\alpha r - \frac{dp_{\shortmid}}{dy}$$

$$14) \qquad Z = \gamma m + \frac{1}{8\pi}\mu\frac{d}{dz}(v^2) - \mu\alpha q + \mu\beta p - \frac{dp_{\shortmid}}{dz}\ .$$

Das erste Glied der rechten Seite eines jeden Ausdrucks stellt die auf Magnetpole wirkende Kraft, das zweite Glied die Wirkung auf Körper, welche durch Induction magnetisirbar sind, das dritte und vierte die auf elektrische Ströme, das fünfte die des einfachen hydrostatischen Druckes dar.

Bevor wir in der allgemeinen Untersuchung weiter gehen, wollen wir die Anwendung der Gleichungen 12, 13 und 14 auf specielle Fälle betrachten, welche so vereinfachten Versuchsbedingungen entsprechen, wie wir sie zu erhalten suchen, um die Gesetze der Naturerscheinungen durch das Experiment zu bestimmen.

Wir fanden, dass die Grössen p, q, r die Componenten der Stromdichte in den drei Coordinatenrichtungen darstellen. Wir betrachten als erstes Beispiel den Fall, dass keine elektrischen Ströme vorhanden sind, dass also p, q und r verschwinden. Wir haben dann wegen der Gleichungen 9:

15)
$$\frac{d\gamma}{dy} - \frac{d\beta}{dz} = 0, \quad \frac{d\alpha}{dz} - \frac{d\gamma}{dx} = 0,$$
$$\frac{d\beta}{dx} - \frac{d\alpha}{dy} = 0,$$

woraus folgt, dass:

16) $\alpha dx + \beta dy + \gamma dz = d\varphi$

ein vollständiges Differential, also

17) $\alpha = \dfrac{d\varphi}{dx}, \quad \beta = \dfrac{d\varphi}{dy}, \quad \gamma = \dfrac{d\varphi}{dz}$

ist. μ ist der Dichte der Wirbel proportional und stellt die Capacität des Mediums für magnetische Induction dar. Es wird gleich 1 gesetzt für Luft oder für das Medium (Standardmedium), welches sonst der absoluten Messung der Stärke der Magnete, der Intensität der Ströme etc. [in magnetischem Maasse] zu Grunde gelegt wird.

Setzen wir μ constant, so wird

18)
$$m = \frac{1}{4\pi}\left(\frac{d}{dx}(\mu\alpha) + \frac{d}{dy}(\mu\beta) + \frac{d}{dz}(\mu\gamma)\right)$$
$$= \frac{1}{4\pi}\mu\left(\frac{d^2\varphi}{dx^2} + \frac{d^2\varphi}{dy^2} + \frac{d^2\varphi}{dz^2}\right),$$

welcher Ausdruck die Dichte der hypothetischen magnetischen Masse darstellt. Damit auf das betreffende Volumelement keine durch das erste Glied [der rechten Seiten der Gleichungen 12, 13 und 14] herrührende Kraft wirke, muss $m = 0$ oder

19) $\dfrac{d^2\varphi}{dx^2} + \dfrac{d^2\varphi}{dy^2} + \dfrac{d^2\varphi}{dz^2} = 0$

sein.

Es lässt sich nun zeigen, dass die Gültigkeit der Gleichung 19 in einem gegebenen Raume bedingt, dass die magnetischen Kräfte in diesem Raume solche sind, wie sie sich durch die

Wirkung von ausserhalb des Raumes liegenden Kraftcentren ergeben, welche eine dem Quadrate der Entfernung verkehrt proportionale Anziehung oder Abstossung ausüben.

Daher müssen die Kraftlinien in einem Raume, wo μ constant ist und nirgends elektrische Ströme fliessen, so verlaufen, wie dies aus der Hypothese der Existenz magnetischer Massen folgt, welche nach diesem Gesetze in die Ferne wirken. Die Voraussetzungen dieser Theorie sind von den unsrigen völlig verschieden, aber die Resultate sind identisch.

Wir wollen nun zuerst den Fall eines einzigen Magnetpols betrachten, d. h. des einen Endes eines [gleichförmig magnetisirten] Magnets, welcher so lang ist, dass dessen anderes Ende zu weit entfernt ist, um eine bemerkbare Wirkung auf den betrachteten Theil des Feldes auszuüben. Wir erhalten dann die Bedingung, dass die Gleichung 18 für den Magnetpol [in dem klein vorausgesetzten Raume, wo wahrer Magnetismus auftritt] und die Gleichung 19 an allen anderen Stellen des Feldes erfüllt sein muss. Die einzig mögliche Lösung unter diesen Bedingungen ist

$$20) \qquad \varphi = -\frac{m}{\mu}\frac{1}{r},$$

wobei r die Entfernung vom Pole und m die Stärke des Pols ist. Die Abstossung auf einen gleichnamigen Pol von der Stärke 1 ist

$$21) \qquad \frac{d\varphi}{dr} = \frac{m}{\mu}\frac{1}{r^2}.$$

Im Standardmedium ist $\mu = 1$, so dass darin die Abstossung einfach gleich $\frac{m}{r^2}$ ist, wie *Coulomb* gezeigt hat [17]).

In einem Medium, wo μ einen grösseren Werth hat, wie in Sauerstoff, in den Lösungen der meisten Eisensalze etc., müsste unserer Theorie gemäss die Anziehung derselben Magnetpole kleiner als in Luft, in einem diamagnetischen Medium, wie Wasser, geschmolzenem Wismuth etc., aber grösser als in Luft sein [18]). Der experimentelle Nachweis des Unterschiedes der Anziehung zweier Magnete, je nach der magnetischen oder diamagnetischen Eigenschaft des umgebenden Mediums, würde grosse Genauigkeit der Beobachtung erfordern wegen der geringen Unterschiede in der magnetischen Capacität der uns bekannten Flüssigkeiten und Gase und wegen der Kleinheit der gesuchten Differenz im Vergleich zur Gesammtanziehung.

Wir wollen nun den Fall betrachten, dass ein elektrischer Strom von der Quantität [im gleichen Maasse wie α, β, γ gemessenen Gesammtintensität] C durch einen cylindrischen Leiter vom Radius R und von gegen die Dimensionen des betrachteten Feldes unendlicher Länge fliesst.

Die Axe des Cylinders wählen wir zur z-Axe und die Stromrichtung als deren positive Richtung. Dann ist die Stromdichte im Innern des Leiters

$$22) \qquad r = \frac{C}{\pi R^2} = \frac{1}{4\pi}\left(\frac{d\beta}{dx} - \frac{d\alpha}{dy}\right),$$

so dass im Innern des Leiters

$$23) \qquad \alpha = -2\frac{C}{R^2}y, \quad \beta = 2\frac{C}{R^2}x, \quad \gamma = 0,$$

ausserhalb des Leiters aber in dem ihn umgebenden Raume

$$24) \qquad \varphi = 2C \operatorname{tang}^{-1}\frac{y}{x},$$

$$25) \qquad \alpha = \frac{d\varphi}{dx} = -2C\frac{y}{x^2+y^2}, \quad \beta = \frac{d\varphi}{dy} = 2C\frac{x}{x^2+y^2},$$

$$\gamma = \frac{d\varphi}{dz} = 0$$

ist. Wenn $\varrho = \sqrt{x^2 + y^2}$ der senkrechte Abstand irgend eines Punktes von der Axe des Leiters ist, so wirkt auf einen Nordpol von der Stärke 1 die Kraft $\frac{2C}{\varrho}$, welche ihn um den Conductor herum in der Uhrzeigerrichtung zu drehen sucht, wenn der Beobachter in der Stromrichtung blickt.

Wir wollen nun einen zweiten Strom betrachten, welcher parallel der z-Achse in der xz-Ebene in der Entfernung ϱ von dem ersten Strome fliesst. Die Quantität des zweiten Stromes sei c', die Länge des betrachteten Theiles l und sein Querschnitt s, so dass $\frac{c'}{s}$ seine Stromdichte ist. Wenn wir diesen Werth für r in die Gleichung 12 [19]) substituiren, so finden wir für die auf die Volumeneinheit des vom zweiten

Strome durchflossenen Drahtes in der Abscissenrichtung wirkende Kraft den Ausdruck

$$X = - \mu \beta \frac{c'}{s}$$

und indem wir mit dem Volumen ls des betrachteten Stückes des Drahtes multipliciren, ergiebt sich für die gesammte darauf wirkende Kraft der Werth

26) $$Xls = - \mu \beta c'l = - 2 \mu \frac{Cc'l}{\varrho},$$

woraus ersichtlich ist, dass der zweite Leiter gegen den ersten mit einer ihrem Abstande verkehrt proportionalen Kraft hingezogen wird. Wir sehen ferner, dass auch in diesem Falle die Stärke der Anziehung von dem Werthe des μ abhängt, aber sie ist ihm nicht umgekehrt, sondern direct proportional, so dass die Anziehung derselben beiden stromführenden Drähte in Sauerstoff grösser als in Luft und in Luft grösser als in Wasser ist.

Wir wollen nun die Natur der elektrischen Ströme und elektromotorischen Kräfte vom Standpunkte der Theorie der Molekularwirbel aus betrachten.

2. Theil.

Anwendung der Theorie der Molekularwirbel auf elektrische Ströme.

Wir haben bisher gesehen, dass man sich von allen Kräften, welche zwischen Magneten, magnetisirbaren Substanzen und elektrischen Strömen wirken, mittelst der Vorstellung Rechenschaft geben kann, dass das umgebende Medium sich in einem solchen Zustande befindet, dass daselbst in jedem Punkte der Druck in verschiedenen Richtungen verschieden ist, und zwar muss die Richtung des kleinsten Druckes die der Kraftlinien und der Unterschied zwischen dem grössten und kleinsten Drucke der Feldintensität in diesem Punkte proportional sein.

In einem solchen genau den bekannten Gesetzen des Verlaufs der Kraftlinien entsprechend angeordneten Spannungszustande wird das Medium auf die Magnete, Ströme etc. im

Felde genau dieselbe resultirende Wirkung ausüben, wie sie aus der gewöhnlichen Fernwirkungshypothese folgt. Es ist dies richtig unabhängig von irgend einer besonderen Theorie über die Ursache dieses Spannungszustandes oder über die Mittel, durch welche er im Medium unterhalten werden kann. Die Frage, ob es einen durch die Kraftlinien bestimmten Spannungszustand im Medium giebt, welcher von den beobachteten resultirenden Kräften eine befriedigende mechanische Erklärung zu geben vermag, muss daher bejaht werden. Die Antwort ist, dass die Kraftlinien die Richtung des kleinsten Druckes in jedem Punkte des Mediums angeben.

Es ist nun die nächste Frage, was die mechanische Ursache dieser Druckunterschiede nach verschiedenen Richtungen sei. Wir haben im ersten Theile dieser Abhandlung vorausgesetzt, dass die Druckdifferenz durch Molekularwirbel erzeugt wird, deren Axen parallel den Kraftlinien sind.

Wir bestimmten den Umdrehungssinn der Wirbel völlig willkürlich so, dass diese für ein Auge, welches nach der Richtung blickt, nach welcher ein Nordpol gezogen wird, im Sinne des Uhrzeigers rotiren.

Wir fanden, dass die Geschwindigkeit am Umfange jedes Wirbels proportional der Stärke der magnetischen Kraft und die Dichte der wirbelnden Substanz proportional der magnetischen inductiven Capacität des Mediums sein muss.

Wir haben bisher keine Antwort auf die Frage gegeben, wie diese Wirbel in Rotation versetzt wurden und warum sie nach den bekannten, durch die Kraftlinien bestimmten Gesetzen in der Umgebung von Magneten und elektrischen Strömen vertheilt sind. Letztere Fragen sind sicher von einer höheren Ordnung der Schwierigkeit als irgend eine der ersteren, und man thut wohl, wenn man die Vorstellungen, welche ich als vorläufige Antwort auf die letzteren Fragen hier vorschlage, von der mechanischen Annahme [elastischer Spannungen im Medium], durch welche ich die erste Frage löste, und von der Hypothese der Molekularwirbel, welche eine plausible Antwort auf die zweite Frage [nach der mechanischen Erklärung der Spannungen] gab, trennt.

Wir müssen uns in der That jetzt auf eine Untersuchung über den physikalischen Zusammenhang dieser Wirbel mit den elektrischen Strömen einlassen, während wir noch über die Natur der Elektricität vollkommen im Unklaren sind, ob sie eine Substanz oder zwei Substanzen oder gar keine Substanz ist, und in welcher Weise sie sich von der Materie unterscheidet und wie sie damit verknüpft ist.

Wir wissen, dass die Kraftlinien durch elektrische Ströme beeinflusst werden, und wir kennen die Vertheilung der Kraftlinien um einen elektrischen Strom, so dass wir aus den magnetischen Kräften den Strom [dessen Dichte und Richtung in jedem Punkte] bestimmen können. Warum zeigt nun unter der Voraussetzung der Richtigkeit unserer Erklärung der Kraftlinien durch Molekularwirbel eine bestimmte Vertheilung der magnetischen Kräfte immer einen elektrischen Strom an? Eine befriedigende Antwort auf diese Frage würde ein bedeutender Schritt zur Beantwortung der anderen wichtigen Frage sein, was ein elektrischer Strom ist.

Ich habe eine grosse Schwierigkeit in der Vorstellung der Existenz von Wirbeln in einem Medium gefunden, welche sich unmittelbar neben einander um parallele Axen in derselben Richtung drehen [20]. Die an einander grenzenden Partien zweier benachbarter Wirbel müssen sich in entgegengesetzter Richtung bewegen, und es ist schwer zu verstehen, wie die Bewegung eines Theiles des Mediums mit einer gerade entgegengesetzten Bewegung des unmittelbar daran stossenden Theiles zusammen bestehen und letztere sogar hervorrufen kann.

Die einzige Annahme, welche mir über die Schwierigkeiten der Vorstellung einer Bewegung von dieser Art hinweghalf, ist die, dass die Wirbel durch eine Lage von Theilchen getrennt sind, welche sich alle in der entgegengesetzten Richtung wie die Wirbel um ihre Axe drehen, so dass die sich berührenden Oberflächen der Theilchen und der Wirbel dieselbe Bewegungsrichtung haben. Wenn man wünscht, dass sich in einem Mechanismus zwei Räder in derselben Richtung drehen, so fügt man ein Rad dazwischen so ein, dass es in beide eingreift, und nennt dieses Rad ein Zwischenrad. [Rollen, welche in gleicher Weise wirken, aber nur Reibungscontact haben, heissen Frictionsrollen.] Auch bezüglich unseres Mediums mache ich die Annahme, dass sich eine Lage von Theilchen zwischen je zwei Wirbeln befindet, welche wie Frictionsrollen wirken, so dass jeder Wirbel [die seiner Oberfläche anliegenden Frictionsrollen zur Drehung in entgegengesetztem Sinne und dadurch] die umgebenden Wirbel zur Drehung in dem Sinne, in dem er sich selbst dreht, anregt.

In den gebräuchlichen Mechanismen drehen sich die Zwischenräder oder Frictionsrollen im Allgemeinen um eine

fixe Axe, aber bei Differentialräderwerken und anderen Vor-
richtungen, wie *Siemens'* Regulator für Dampfmaschinen *),
finden sich Zwischenräder oder Frictionsrollen, deren Axen
beweglich sind [21]. In allen diesen Fällen ist die Geschwindigkeit des Mittelpunktes der Frictionsrolle das arithmetische Mittel
der Geschwindigkeiten der Peripherien der Räder, zwischen
denen sie sich befindet. Wir wollen nun die Beziehungen
zwischen den Bewegungen unserer Wirbel und denen der
Theilchen untersuchen, welche sich als Frictionsrollen dazwischen befinden.

Satz IV. Berechnung der Bewegung einer Lage von
Theilchen, welche sich zwischen zwei Wirbeln befindet.

Die drei Producte der Richtungscosinus der Axe eines
der Wirbel in seine Umfangsgeschwindigkeit seien, wie im
Satz II, gleich α, β, γ. Ferner seien l, m, n die Richtungscosinus der zu irgend einem Element der Oberfläche dieses
Wirbels nach aussen gezogenen Normalen. Dann sind die
Componenten der Geschwindigkeit der diesem Oberflächenelemente anliegenden Volumelemente des Wirbels

$$[26a] \quad \begin{cases} n\beta - m\gamma & \text{in der Richtung der } x\text{-Axe,} \\ l\gamma - n\alpha & \text{in der Richtung der } y\text{-Axe,} \\ m\alpha - l\beta & \text{in der Richtung der } z\text{-Axe } [22]. \end{cases}$$

Wenn dieses Oberflächenelement des Wirbels mit einem an-
deren Wirbel in Berührung ist, für welchen die Grössen α, β, γ
die Werthe α', β', γ' haben, so wird die Schicht der kleinen
Theilchen, welche wie Laufrollen oder Frictionsrollen dazwischen liegen, [und welche deshalb im Folgenden die
Frictionstheilchen heissen sollen], eine Geschwindigkeit haben,
welche das arithmetische Mittel der Umfangsgeschwindigkeiten
der beiden Wirbel ist, welche sie trennt, so dass die Geschwindigkeitscomponente der Frictionstheilchen in der Abscissenrichtung

$$27) \qquad u = \tfrac{1}{2} m (\gamma' - \gamma) - \tfrac{1}{2} n (\beta' - \beta)$$

ist, da die zum anliegenden Flächenelement des zweiten Wir-
bels gegen die Aussenseite des zweiten Wirbels gezogene
Normale die entgegengesetzte Richtung wie die in gleicher
Weise für den ersten Wirbel construirte Normale hat [23].

---

*) Siehe *Goodeve's* Elements of Mechanism p. 118.

Satz V. Bestimmung der Gesammtmenge der Frictionstheilchen, welche in der Zeiteinheit in der Abscissenrichtung durch die Flächeneinheit hindurch gehen.

Seien x_1, y_1, z_1 die Coordinaten des Mittelpunktes des ersten Wirbels, x_2, y_2, z_2 die des zweiten u. s. f.; V_1, V_2 etc. die Volumina des ersten, zweiten Wirbels etc. [24]) und $\overline{V}$ die Summe dieser Volumina. Ferner sei dS ein Element der Oberfläche, welche den ersten und zweiten Wirbel trennt, x, y, z dessen Coordinaten und ϱ die Menge [25]) der der Flächeneinheit anliegenden Frictionstheilchen. Wenn dann p die Gesammtmenge der in der Zeiteinheit durch die Flächeneinheit in der Abscissenrichtung hindurchgehenden Frictionstheilchen ist, so ist das gesammte in der Abscissenrichtung geschätzte Bewegungsmoment der Frictionstheilchen, welche sich in dem Raume vom Volumen $\overline{V}$ befinden, $\overline{V}p$ und wir erhalten

28) $$\overline{V}p = \Sigma u \varrho \, dS,$$

wobei die Summation über alle Oberflächenelemente zu erstrecken ist, welche im Volumen $\overline{V}$ irgend zwei Wirbel trennen [26]).

Wir wollen wieder die Fläche betrachten, welche den ersten und zweiten Wirbel trennt. dS sei ein Element derselben. Die Richtungscosinus der darauf errichteten Normalen seien l_1, m_1, n_1, wenn dieselbe bezüglich des ersten Wirbels, l_2, m_2, n_2 aber, wenn sie bezüglich des zweiten Wirbels nach aussen gezogen wird. Dann ist bekanntlich

29) $l_1 + l_2 = 0$, $m_1 + m_2 = 0$, $n_1 + n_2 = 0$.

Die Werthe von α, β, γ sind Functionen der Lage des Mittelpunktes des Wirbels und wir erhalten, wenn wir sie nach der *Taylor*'schen Reihe entwickeln und bei den Gliedern erster Ordnung stehen bleiben:

30) $\alpha_2 = \alpha_1 + \dfrac{d\alpha}{dx}(x_2 - x_1) + \dfrac{d\alpha}{dy}(y_2 - y_1) + \dfrac{d\alpha}{dz}(z_2 - z_1)$

mit zwei analogen Gleichungen für β und γ [27]).

Der Werth 27 für u nimmt daher die Form an:

31) $\qquad u = \tfrac{1}{2}\dfrac{d\gamma}{dx}\left(m_1(x-x_1)+m_2(x-x_2)\right)$

$+\tfrac{1}{2}\dfrac{d\gamma}{dy}\left(m_1(y-y_1)+m_2(y-y_2)\right)+\tfrac{1}{2}\dfrac{d\gamma}{dz}\left(m_1(z-z_1)+m_2(z-z_2)\right)$

$-\tfrac{1}{2}\dfrac{d\beta}{dx}\left(n_1(x-x_1)+n_2(x-x_2)\right)-\tfrac{1}{2}\dfrac{d\beta}{dy}\left(n_1(y-y_1)+n_2(y-y_2)\right)$

$-\tfrac{1}{2}\dfrac{d\beta}{dz}\left(n_1(z-z_1)+n_2(z-z_2)\right).$

Bei Berechnung der Summe $\Sigma u\varrho\, dS$ müssen wir bedenken, dass $\Sigma l\, dS$ und alle analog gebauten Glieder verschwinden, wenn man die Summirung über alle Flächenelemente einer beliebigen geschlossenen Fläche erstreckt. Ebenso verschwinden Ausdrücke von der Form $\Sigma l y\, dS$, wenn sich l und y auf verschiedene Coordinatenrichtungen beziehen; nur die Ausdrücke von der Form $\Sigma l x\, dS$, in denen sich l und x auf dieselbe Coordinatenrichtung beziehen, verschwinden nicht, sondern sind gleich dem von der Fläche eingeschlossenen Volumen. Daher folgt:

32) $\qquad \overline{V}p = \tfrac{1}{2}\varrho\left(\dfrac{d\gamma}{dy}-\dfrac{d\beta}{dz}\right)(V_1+V_2+\cdots)$ [28]),

oder, wenn man durch $\overline{V}=V_1+V_2+\cdots$ dividirt,

33) $\qquad p = \tfrac{1}{2}\varrho\left(\dfrac{d\gamma}{dy}-\dfrac{d\beta}{dz}\right).$

Wenn wir

34) $\qquad \varrho = \dfrac{1}{2\pi}$ [29])

setzen, so wird die Gleichung 33 identisch mit der ersten der Gleichungen 9, welche die Beziehungen zwischen der Quantität eines elektrischen Stromes und der Stärke [und Anordnung] der ihn umgebenden Kraftlinien ausdrückt. Es ist daher offenbar, dass nach unserer Hypothese ein elektrischer Strom durch eine fortschreitende Bewegung der Frictionstheilchen dargestellt wird, welche zwischen je zwei benachbarten Wirbeln liegen. Wir wollen uns vorstellen, dass diese Frictionstheilchen sehr klein im Vergleich zu den Dimensionen eines Wir-

bels sind, dass die Masse *) aller zwischen zwei Wirbeln liegenden Frictionstheilchen im Vergleich zu der eines Wirbels
verschwindet und dass eine sehr grosse Anzahl von Wirbeln
sammt den sie umgebenden Frictionstheilchen in einem einzigen vollständigen Moleküle [30]) enthalten sind. Es muss vorausgesetzt werden, dass die Frictionstheilchen ohne Gleitung
und ohne sich unter einander zu berühren zwischen den
beiderseits anliegenden Wirbeln rollen und dass kein Energie-
verlust durch irgend welche Widerstandskräfte eintritt, so lange
sie in demselben vollständigen Moleküle bleiben. Wenn aber
ein stetiges Fortschreiten der Frictionstheilchen in einer bestimmten Richtung stattfindet, so müssen diese von einem
Moleküle zum anderen übergehen; hierbei erfahren sie einen
Widerstand, so dass elektrische Energie verloren geht und
Wärme erzeugt wird.

Die Wirbel mögen nun in irgend einer ganz beliebigen
Weise im Medium vertheilt sein. Die Grössen $\frac{d\gamma}{dy} - \frac{d\beta}{dz}$ etc.
werden dann im Allgemeinen von Null verschiedene Werthe
haben, es werden also zu Anfang elektrische Ströme im
Medium vorhanden sein. Diesen aber setzt sich der elektrische Widerstand des Mediums entgegen, so dass sie, wenn
sie nicht durch eine continuirlich wirkende elektromotorische
Kraft unterhalten werden, rasch verschwinden und dann die
Gleichungen $\frac{d\gamma}{dy} - \frac{d\beta}{dz} = 0$ etc. bestehen, also $\alpha\,dx + \beta\,dy + \gamma\,dz$
ein vollständiges Differentiale ist (vergl. die Gleichungen 15
und 16). Unsere
Annahme erklärt
also das mechani-
sche Zustandekom-
men der Verthei-
lung der Kraftlinien
[bei Abwesenheit
elektromotorischer
Kräfte].

In Figur 7 stelle
der verticale Kreis
$E E'$ einen elektri-
schen Strom dar, welcher vom Kupfer C zum Zink Z

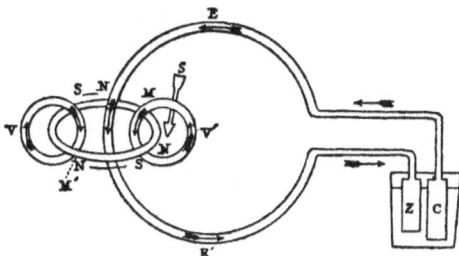

Fig. 7.

---

*) [Der Trägheitswiderstand im Sinne der Mechanik.]

durch den Leiter EE' in der Richtung der kleinen Pfeile
fliesst.

Der horizontale Kreis MM' stelle eine magnetische Kraftlinie dar, welche den elektrischen Strom umfasst. Die Nord-
und Südrichtung derselben soll durch die kleinen Geraden SN
und NS angezeigt werden.

Die kleinen verticalen Kreise V und V' stellen die [Bahn
eines Wirbeltheilchens in den] Molekularwirbeln dar, deren
Axe die magnetische Kraftlinie ist. V kreist im Sinne des
Uhrzeigers, V' im entgegengesetzten (für den Beschauer der
Zeichnung).

Es ist aus der Figur ersichtlich, dass, wenn V und V'
an einander grenzende Wirbel wären, die zwischen ihnen liegenden Theilchen sich nach abwärts bewegen würden, und
dass umgekehrt die Frictionstheilchen, wenn sie aus irgend
einer Ursache abwärts getrieben würden, Wirbel hervorrufen
würden, welche so rotiren wie die in der Figur gezeichneten.
Von unserem gegenwärtigen Gesichtspunkte aus erscheint also
die Beziehung eines elektrischen Stromes zu seinen Kraftlinien
analog der eines Zahnrades oder einer Zahnstange zu den
Rädern, in welche sie eingreift.

Im ersten Theile dieser Abhandlung haben wir die
Relationen zwischen den statischen Kräften des Systems
untersucht. Im zweiten Theile haben wir bisher die Beziehungen der [stationären] Bewegungen der verschiedenen
Bestandtheile des Systems behandelt, indem wir dieses als
einen Mechanismus betrachteten. Es erübrigt noch die Dyna-
mik des Systems zu untersuchen und die Kräfte zu bestimmen, welche erforderlich sind, um gegebene Aenderungen
der [stationären] Bewegungen der verschiedenen Theile zu
erzeugen.

Satz VI. Berechnung der lebendigen Kraft der Wirbelbewegung in einem gegebenen Theile des Mediums.

Wenn α, β, γ wie in Satz II die Componenten der
Umfangsgeschwindigkeit sind, so ist die lebendige Kraft der
in der Volumeneinheit befindlichen Wirbel jedenfalls der Dichte
und dem Quadrate der Geschwindigkeit proportional. Da uns
aber die Vertheilung der Dichte und Geschwindigkeit innerhalb
der einzelnen Wirbel unbekannt ist, so können wir den
numerischen Werth der lebendigen Kraft nicht direct berechnen. Nun steht aber μ ebenfalls in einem constanten, wenn
auch unbekannten Verhältnisse zur mittleren Dichte; daher

wollen wir voraussetzen, dass die lebendige Kraft in der Volumeneinheit

$$E = C\mu(\alpha^2 + \beta^2 + \gamma^2)$$

ist, wo C eine Constante vorstellt. Um diese zu bestimmen, genügt es, einen speciellen Fall zu betrachten. Es sei.

35) $$\alpha = \frac{d\varphi}{dx}, \quad \beta = \frac{d\varphi}{dy}, \quad \gamma = \frac{d\varphi}{dz}.$$

Ferner

36) $$\varphi = \varphi_1 + \varphi_2$$

und

37)
$$\frac{\mu}{4\pi}\left(\frac{d^2\varphi_1}{dx^2} + \frac{d^2\varphi_1}{dy^2} + \frac{d^2\varphi_1}{dz^2}\right) = m_1$$
$$\frac{\mu}{4\pi}\left(\frac{d^2\varphi_2}{dx^2} + \frac{d^2\varphi_2}{dy^2} + \frac{d^2\varphi_2}{dz^2}\right) = m_2.$$

Dann ist φ_1 das von dem magnetischen System m_1 und φ_2 das vom magnetischen System m_2 herrührende Potential. Die lebendige Kraft aller Wirbel ist

38) $$E = \Sigma C\mu(\alpha^2 + \beta^2 + \gamma^2)dV,$$

wobei die Summation über den gesammten unendlichen Raum zu erstrecken ist. Durch partielle Integration*) lässt sich dieser Ausdruck in folgende Form bringen:

39) $$E = -4\pi C\Sigma(\varphi_1 m_1 + \varphi_2 m_2 + \varphi_1 m_2 + \varphi_2 m_1)dV,$$

oder da

$$\Sigma\varphi_1 m_2\, dV = \Sigma\varphi_2 m_1\, dV$$

ist **) [31]),

40) $$E = -4\pi C\Sigma(\varphi_1 m_1 + \varphi_2 m_2 + 2\varphi_1 m_2)dV.$$

Nun soll das magnetische System m_1 in Ruhe bleiben, m_2 sich aber parallel zu sich selbst in der Abscissenrichtung um das Stück δx verschieben. Da φ_1 nur von m_1 abhängt, so behält es seinen früheren Werth, so dass $\varphi_1 m_1$ constant bleibt. Da ferner φ_2 nur von m_2 abhängt, so behält es in Punkten, deren

---

*) Vergl. *Green's* Essay on Electricity p. 10. Diese Klassiker 61, S. 24.
**) *Green* l. c.

relative Lage gegen die magnetischen Massen m_2 gleich bleibt, denselben Werth, so dass das Product $\varphi_2 m_2$ durch die Verschiebung der Massen m_2 seinen Wert ebenfalls nicht ändert. Das einzige Glied in dem Ausdrucke für E, dessen Werth sich ändert, ist das, welches von dem Addenden $2 \varphi_1 m_2$ in der Klammer im Ausdrucke 40 herrührt, da φ_1 durch die Verschiebung der magnetischen Massen m_2 in

$$\varphi_1 + \frac{d \varphi_1}{d x} \delta x$$

übergeht. Die Zunahme der lebendigen Kraft in Folge jener Verschiebung ist daher

41) $$\delta E = - 4 \pi C \Sigma \left(2 \frac{d \varphi_1}{d x} m_2 \right) d V \delta x \,.$$

Vermöge der Gleichungen 12 ist aber die bei der Verschiebung von den auf m_2 wirkenden mechanischen Kräften geleistete Arbeit

42) $$\delta W = \Sigma \left(\frac{d \varphi_1}{d x} m_2 d V \right) \delta x \,.$$

Da unsere Hypothese eine rein mechanische ist, so muss nach dem Energieprincipe

43) $$\delta E + \delta W = 0$$

sein, d. h. der Verlust der lebendigen Kraft der Wirbel muss durch eine gleiche bei der Bewegung der Magnetismen geleistete Arbeit ersetzt werden. Die Gleichung 43 verwandelt sich mit Rücksicht auf die Gleichungen 41 und 42 in

$$- 4 \pi C \Sigma \left(2 \frac{d \varphi_1}{d x} m_2 d V \right) \delta x + \Sigma \left(\frac{d \varphi_1}{d x} m_2 d V \right) \delta x = 0 \,,$$

daher folgt:

44) $$C = \frac{1}{8 \pi} \,,$$

so dass die lebendige Kraft der Wirbel in der Volumeneinheit

45) $$\frac{1}{8 \pi} \mu \left(\alpha^2 + \beta^2 + \gamma^2 \right)$$

und die eines Wirbels vom Volumen V

46) $$\frac{1}{8\pi}\mu(\alpha^2 + \beta^2 + \gamma^2)V$$

ist[32]). Um diese Energie zu erzeugen oder zu zerstören, muss dem Wirbel lebendige Kraft zugeführt oder entzogen werden, sei es durch eine Tangentialkraft, welche auf die der Oberfläche des Wirbels anliegenden Frictionstheilchen wirkt, oder durch Aenderung der Gestalt des Wirbels. Wir wollen zuerst die Tangentialkräfte zwischen den Wirbeln und den Schichten der sie berührenden Frictionstheilchen untersuchen.

Satz VII. Berechnung der Energie, welche an einen Wirbel in der Zeiteinheit von den ihn umgebenden Frictionstheilchen abgegeben wird.

Seien P, Q, R die Kräfte, welche auf die Mengeneinheit der Frictionstheilchen in den drei Coordinatenrichtungen wirken und offenbar Functionen von x, y, z sind[33]). Da jedes Frictionstheilchen zwei Wirbel an den Enden eines und desselben Durchmessers berührt, so wird sich die Rückwirkung des Theilchens auf beide Wirbel gleichmässig vertheilen und die Mengeneinheit der Theilchen wird auf jeden Wirbel eine Kraft ausüben, deren Componenten in den Coordinatenrichtungen

$$-\tfrac{1}{2}P, \quad -\tfrac{1}{2}Q, \quad -\tfrac{1}{2}R$$

sind. Da ferner die Flächendichte der Frictionstheilchen $\dfrac{1}{2\pi}$ ist (vergl. Gleichung 34), so hat die Kraft, welche auf die Flächeneinheit jedes Wirbels wirkt, in den Coordinatenrichtungen die Componenten

$$-\frac{1}{4\pi}P, \quad -\frac{1}{4\pi}Q, \quad -\frac{1}{4\pi}R.$$

Sei dS ein Element der Oberfläche eines Wirbels, l, m, n seien die Richtungscosinus der dazu [gegen die Aussenseite des Wirbels hin] gezogenen Normalen, x, y, z die Coordinaten des Elements und u, v, w die Componenten der Geschwindigkeiten [der diesem Flächenelement anliegenden Volumtheile des Wirbels]. Dann ist die diesem Flächenelement [den anliegenden Volumtheilen des Wirbels] mitgetheilte Arbeit

47) $$\frac{dE}{dt} = -\frac{1}{4\pi}(Pu + Qv + Rw)dS.$$

Wir wollen mit [der Transformation des] ersten Addenden in

der Klammer, also des Ausdrucks $Pu\,dS$ beginnen. P kann in der Form geschrieben werden:

48) $$P_0 + \frac{dP}{dx}x + \frac{dP}{dy}y + \frac{dP}{dz}z \,.$$

Ferner ist

[48a] $$u = n\beta - m\gamma\ ^{34}).$$

Da die Oberfläche des Wirbels eine geschlossene ist, so hat man

[48b] $$\begin{cases} \Sigma nx\,dS = \Sigma mx\,dS = \Sigma ny\,dS = \Sigma mz\,dS = 0\,, \\ \Sigma my\,dS = \Sigma nz\,dS = V. \end{cases}$$

Man findet daher

49) $$\Sigma Pu\,dS = \left(\frac{dP}{dz}\beta - \frac{dP}{dy}\gamma\right)V$$

und die gesammte auf den Wirbel in der Zeiteinheit übertragene Arbeit ist:

50) $$\frac{dE}{dt} = -\frac{1}{4\pi}\Sigma(Pu + Qv + Rw)\,dS$$

$$= \frac{V}{4\pi}\left[\alpha\left(\frac{dQ}{dz} - \frac{dR}{dy}\right) + \beta\left(\frac{dR}{dx} - \frac{dP}{dz}\right) + \gamma\left(\frac{dP}{dy} - \frac{dQ}{dx}\right)\right].$$

Satz VIII. Aufstellung der Gleichungen zwischen den Veränderungen der Bewegung der Wirbel und den Kräften P, Q, R, welche auf die Schichten der zwischen ihnen befindlichen Frictionstheilchen wirken.

Sei V das Volumen eines Wirbels, dann ist nach Gleichung 46 seine Energie

51) $$E = \frac{1}{8\pi}\mu(\alpha^2 + \beta^2 + \gamma^2)V,$$

woraus folgt:

52) $$\frac{dE}{dt} = \frac{1}{4\pi}\mu V\left(\alpha\frac{d\alpha}{dt} + \beta\frac{d\beta}{dt} + \gamma\frac{d\gamma}{dt}\right).$$

Wenn wir diesen Werth mit dem in Gleichung 50 gegebenen vergleichen, so finden wir:

$$[52a] \left\{ \begin{aligned} &\alpha\left(\frac{dQ}{dz} - \frac{dR}{dy} - \mu\frac{d\alpha}{dt}\right) + \beta\left(\frac{dR}{dx} - \frac{dP}{dz} - \mu\frac{d\beta}{dt}\right) \\ &\qquad + \gamma\left(\frac{dP}{dy} - \frac{dQ}{dx} - \mu\frac{d\gamma}{dt}\right) = 0\,. \end{aligned} \right.$$

Da diese Gleichung für alle Werthe von α, β und γ gelten muss [35]), so können wir darin β und γ gleich Null setzen und durch α dividiren, wodurch sich ergiebt:

$$53) \qquad \frac{dQ}{dz} - \frac{dR}{dy} = \mu\,\frac{d\alpha}{dt}\,.$$

In analoger Weise folgt:

$$54) \quad \frac{dR}{dx} - \frac{dP}{dz} = \mu\,\frac{d\beta}{dt} \quad \text{und} \quad \frac{dP}{dy} - \frac{dQ}{dx} = \mu\,\frac{d\gamma}{dt}\,.$$

Aus diesen Gleichungen können wir die Beziehung zwischen den Veränderungen der Drehgeschwindigkeiten der Wirbel $\dfrac{d\alpha}{dt}$ etc. und den Kräften finden, welche auf die zwischen den Wirbeln liegenden Frictionstheilchen wirken. Im Sinne unserer Hypothese sind dies die Beziehungen zwischen den Veränderungen des magnetischen Feldes und den dadurch in demselben hervorgebrachten elektromotorischen Kräften.

In einer Abhandlung über die dynamische Theorie der Beugung*) hat Professor *Stokes* eine Methode angegeben, durch welche die Gleichungen 54 aufgelöst und die Grössen P, Q und R durch die Grössen, welche auf der rechten Seite dieser Gleichungen stehen, ausgedrückt werden können. Ich habe diese Methode schon in einer früheren Abhandlung auf Probleme der Lehre der Elektricität und des Magnetismus angewendet**).

Wir müssen da drei Grössen F, G, H aus den Gleichungen

---

*) Cambr. Phil. Trans. vol. IX part I section 6. Math. and phys. pap. II S. 243.
**) Cambr. Phil. Trans. vol. X part I art. 3 oder Scient. pap. I. On *Faraday's* Lines of Force. Diese Klassiker, Nr. 69, S. 70.

$$\frac{dG}{dz} - \frac{dH}{dy} = \mu\alpha,$$

55)
$$\frac{dH}{dx} - \frac{dF}{dz} = \mu\beta,$$

$$\frac{dF}{dy} - \frac{dG}{dx} = \mu\gamma$$

mit den Bedingungen

56) $\dfrac{1}{4\,\pi}\left(\dfrac{d}{dx}\mu\alpha + \dfrac{d}{dy}\mu\beta + \dfrac{d}{dz}\mu\gamma\right) = m = 0$ [36])

und

57) $$\frac{dF}{dx} + \frac{dG}{dy} + \frac{dH}{dz} = 0$$

bestimmen. Wenn wir 55 nach t differentiiren und mit 53 und 54 vergleichen, so finden wir:

58) $$P = \frac{dF}{dt}, \quad Q = \frac{dG}{dt}, \quad R = \frac{dH}{dt}.$$

Wir haben also drei Grössen F, G, H bestimmt, aus denen wir P, Q und R einfach durch Differentiation nach der Zeit finden können. In der soeben angeführten Abhandlung habe ich die Gründe dafür angegeben, weshalb man die Grössen F, G, H als die Componenten eines Zustandes betrachten kann, dessen Existenz *Faraday* vermuthete und den er als den elektrotonischen bezeichnet hat. In jener Abhandlung habe ich die mathematischen Beziehungen zwischen diesem Zustande einerseits und den durch

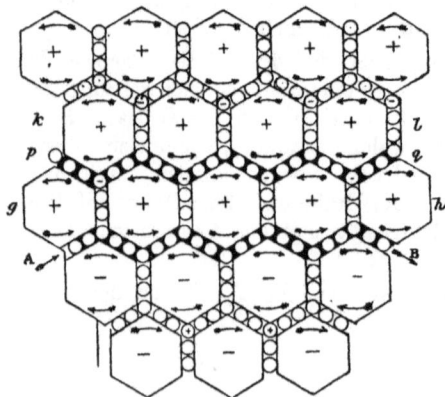

Fig. 8.

die Gleichungen 55 gegebenen magnetischen Kraftlinien, sowie
den durch die Gleichungen 58 ausgedrückten elektromotorischen
Kräften andererseits erläutert. Wir müssen jetzt versuchen,
dieselben mittelst unserer Hypothese von einem mechanischen
Gesichtspunkte aus zu deuten.

Wir wollen an erster Stelle den Vorgang in's Auge fassen,
durch welchen magnetische Kraftlinien von einem elektrischen
Strome erzeugt werden. AB in Fig. 8 stelle einen in der
Richtung von A gegen B fliessenden elektrischen Strom dar.
Die sechseckigen grösseren Felder oberhalb und unterhalb AB
sollen die Wirbel, die kleinen Kreise zwischen denselben aber
die Frictionstheilchen darstellen, welche nach unserer Hypothese die Elektricität repräsentiren.

Nun soll ein elektrischer Strom von der linken gegen die
rechte Hand in der Richtung AB zu fliessen beginnen. Die
Reihe gh der Wirbel oberhalb AB wird in dem der Uhrzeigerrichtung entgegengesetzten Sinne in Bewegung gesetzt werden,
welchen wir den positiven nennen wollen, wogegen wir den
des Uhrzeigers als den negativen bezeichnen. Wir setzen
voraus, dass die Wirbelreihe kl noch in Ruhe ist; dann wird
die Wirbelreihe gh auf die untere Seite der zwischen beiden
Reihen befindlichen Frictionstheilchen wirken, wogegen ihre
obere Seite in Ruhe bleibt. Wenn sie [die Frictionstheilchen]
frei beweglich sind, so werden sie also im negativen Sinne
rotiren und sich gleichzeitig von rechts nach links progressiv
bewegen, also in der dem elektrischen Strome [AB] entgegengesetzten Richtung, wodurch der Inductionsstrom zu Stande
kommt. Wenn dieser Strom durch den elektrischen Widerstand des Mediums zum Stillstand gebracht wird, so wirken
die rotirenden Frictionstheilchen [der Reihe pq] auf die Wirbelreihe kl und versetzen sie in eine Drehung im positiven Sinne,
deren Geschwindigkeit so lange wächst, bis die Progressiv-
bewegung der Frictionstheilchen verschwindet und nur ihre
Rotation übrig bleibt, also der Inductionsstrom verschwindet.
Wenn nun der primäre Strom AB plötzlich aufhört, so kommen die Wirbel in der Reihe gh zum Stillstande, während die
in der Reihe kl ihre Drehung noch fortsetzen und hierdurch
die Reihe pq der Frictionstheilchen von links nach rechts,
d. h. in der Richtung des primären Stromes in Bewegung zu
setzen suchen; wenn nun das Medium dieser Bewegung einen
Widerstand entgegensetzt, so wird die Bewegung der Wirbel
oberhalb pq allmählich vernichtet.

Es ist daher offenbar, dass die Erscheinungen der Inductionsströme Glieder des Processes der Uebertragung der Drehungsgeschwindigkeit der Wirbel von einem Ort des Feldes zum anderen sind.

Als Beispiel für die Erzeugung von Inductionsströmen durch die Wirkung der Wirbel wollen wir noch den folgenden Fall betrachten. In Figur 9 sei B ein kreisförmiger Ring von überall gleichem Querschnitte, welcher gleichförmig mit übersponnenem Draht bewickelt ist. Es kann gezeigt werden, dass ein im Innern der Drahtspule befindlicher Magnet eine starke Einwirkung erfährt, wenn durch den Draht ein elektrischer Strom geschickt wird, dass aber keine magnetische Wirkung auf irgend einen äusseren Punkt ausgeübt wird. Die Drahtspule wirkt wie ein Magnet, dessen Mittellinie eine geschlossene Curve bildet, so dass sich seine beiden Pole berühren.

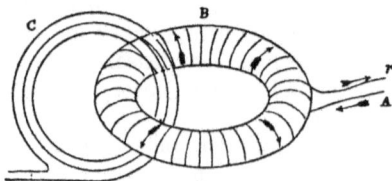

Fig. 9.

Wenn die Spule genau gemacht ist, so tritt nicht die mindeste Wirkung auf einen ausserhalb befindlichen .Magneten ein, weder wenn der Strom constant erhalten wird, noch wenn sich seine Stärke ändert. Wenn aber ein leitender Draht C den Ring ein- oder mehrmals umfasst, so wird in demselben jedes Mal eine elektromotorische Kraft wirksam, sobald der Strom in der Spule seine Stärke ändert, und wenn der Leiter C geschlossen ist, so tritt in diesen Fällen daselbst in der That ein Strom auf.

Dieses Experiment zeigt, dass es nicht nothwendig ist, dass sich ein leitender Draht selbst in dem magnetischen Kraftfelde befindet, oder dass die magnetischen Kraftlinien durch die Substanz desselben hindurch oder in nächster Nähe davon vorübergehen, damit bei Aenderung des Feldes im Drahte eine elektromotorische Kraft durch Induction entstehe. Es ist bloss erforderlich, dass die Kraftlinien durch die vom Stromleiter umschlossene Fläche hindurchgehen und während des Versuchs sich in ihrer Stärke verändern.

In dem früher betrachteten Falle sind die Wirbel, welche nach unserer Hypothese die Kraftlinien darstellen, alle in dem

Hohlraume enthalten, der sich innerhalb der Spule befindet,
und ausserhalb der Spule ist alles in Ruhe. Wenn kein geschlossener Stromleiter vorhanden ist, welcher die Spule umfasst, so findet, sobald der Primärstrom geschlossen oder
geöffnet wird, ·keine Wirkung ausserhalb der Spule statt mit
Ausnahme eines kurz dauernden Druckes zwischen den Frictionstheilchen und den anliegenden Wirbeln. Wenn aber ein zu-
sammenhängender leitender Drahtkreis vorhanden ist, welcher
die Spule umfasst, so entsteht daselbst bei Schluss des Primärstromes ein diesem entgegengesetzt gerichteter Inductionsstrom,
bei Oeffnung des Primärstromes aber ein gleich gerichteter.
Wir ersehen somit, dass der Inductionsstrom dadurch hervorgerufen wird, dass die Elektricität der elektromotorischen Kraft
nachgiebt, diese elektromotorische· Kraft aber auch besteht,
wenn die Bildung eines bemerkbaren Stromes durch den Widerstand des [secundären] Stromkreises verhindert wird.

Die elektromotorische Kraft, deren Componenten P, Q, R
seien, entsteht durch die Wirkung zwischen den Wirbeln und
den dazwischen liegenden Frictionstheilchen, wenn die Wirbelgeschwindigkeit in irgend einem Theile des Feldes verändert
wird. Sie entspricht dem Drucke auf die Axe eines Rades
in einer Maschine, wenn die Geschwindigkeit des dasselbe
treibenden Rades erhöht oder vermindert wird.

Der elektrotonische Zustand, dessen Componenten F, G, H
seien, ist die elektromotorische Kraft, welche erforderlich wäre,
wenn die Ströme etc., denen diese Kraftlinien entsprechen, plötzlich aus dem Ruhezustande des ganzen Feldes bis zu ihren
wirklichen Werthen ansteigen würden, welche sie bei den
Versuchen immer erst allmählich erreichen. Er entspricht der
Momentankraft, welche auf die Axe eines Rades in einer
Maschine wirken würde, wenn die Maschine früher in Ruhe
wäre und dem Treibrade plötzlich seine wirkliche Geschwindigkeit ertheilt würde.

Wenn die Maschine durch plötzliche Hemmung der Bewegung ·des Treibrades momentan zur Ruhe gebracht würde,
so würde jedes Rad einen Anstoss erfahren, welcher gleich,
aber entgegengesetzt gerichtet ist dem, den es hätte erfahren
müssen, wenn der Maschine plötzlich ihre Bewegung ertheilt
worden wäre.

Diese Momentankraft kann für jeden beliebigen Theil des
Mechanismus berechnet werden und mag das reducirte Moment
der Maschine für diesen Punkt heissen [37]). Bei Veränderung

der Bewegung der Maschine findet man die.Kraft im gewöhnlichen Sinne des Wortes, welche auf irgend einen Theil in
Folge dieser Veränderung der Bewegung ¦wirkt, indem man
das reducirte Moment nach der Zeit differentiirt, gerade so,
wie dem früher Gefundenen gemäss die elektromotorische Kraft
aus dem elektrotonischen Zustande durch die gleiche Rechnungs-
operation abgeleitet wird.

Nachdem wir die Beziehung zwischen den Geschwindigkeiten der Wirbel und den elektromotorischen Kräften in dem
Falle gefunden haben, wo die Mittellinien der Wirbel ruhen,
müssen wir unsere Theorie auf den Fall ausdehnen, dass die
Wirbel in einer flüssigen Substanz enthalten sind und alle
Bewegungen dieser flüssigen Substanz mitmachen. Wenn wir
unser Augenmerk auf irgend ein Volumelement der flüssigen
Substanz richten, so finden wir, dass dasselbe nicht allein von
einer Stelle des Raumes zu einer anderen wandert, sondern
auch seine Gestalt und Orientirung [38] verändert, so dass es
sich nach gewissen Richtungen verlängert, nach anderen ver-
kürzt und gleichzeitig im allgemeinsten Falle eine Lagenänderung
erfährt, welche einer Drehung um irgend eine Axe gleichkommt.

Diese Aenderungen der Gestalt und Orientirung des
Volumelements erzeugen Aenderungen der Drehungsgeschwindigkeit der darin enthaltenen Wirbel, welche wir nun aufzu-
suchen haben.

Die Veränderung der Gestalt und Orientirung eines Volumelements kann immer durch drei einfache Dehnungen oder
Compressionen in drei auf einander senkrechten Richtungen
vereint mit drei Winkeldrehungen um drei beliebige [nicht in
eine Ebene fallende] Axen ersetzt werden. Wir wollen zuerst
die Wirkung der drei Dehnungen oder Compressionen untersuchen.

Satz IX. Berechnung der Variationen der im Parallelepipede [mit den Kanten] x, y, z herrschenden Werthe von
u, β, γ, welche dadurch hervorgerufen werden, dass x in
$x + \delta x$, y in $y + \delta y$ und z in $z + \delta z$ übergeht, während das
Volumen des rechtwinkligen Parallelepipedes gleich bleibt. [Die
Flüssigkeit wird also als unzusammendrückbar betrachtet.]

Nach Satz II finden wir für die von den Wirbeln bei
Ueberwindung des Druckes geleistete Arbeit den Werth:

59) $\delta W = p_1 \delta(xyz) - \dfrac{\mu}{4\pi} (\alpha^2 yz\,\delta x + \beta^2 zx\,\delta y + \gamma^2 xy\,\delta z)$,

während wir für die Veränderung der Energie nach Satze VI den Werth finden:

$$60) \qquad \delta E = \frac{\mu}{4\pi}(\alpha\,\delta\alpha + \beta\,\delta\beta + \gamma\,\delta\gamma)xyz\,.$$

Die Summe $\delta W + \delta E$ muss nach dem Energieprincipe gleich Null sein; ebenso muss $\delta(xyz) = 0$ sein, da das Volumen xyz constant ist. Mit Rücksicht hierauf folgt aus 59 und 60:

$$61)\; \alpha\Big(\delta\alpha - \alpha\frac{\delta x}{x}\Big) + \beta\Big(\delta\beta - \beta\frac{\delta y}{y}\Big) + \gamma\Big(\delta\gamma - \gamma\frac{\delta z}{z}\Big) = 0\,.$$

Damit dies unabhängig von irgend einer Beziehung von α, β und γ richtig sei, müssen wir haben:

$$62) \qquad \delta\alpha = \alpha\frac{\delta x}{x}, \quad \delta\beta = \beta\frac{dy}{y}, \quad \delta\gamma = \gamma\frac{\delta z}{z} \;{}^{39)}.$$

Satz X. Berechnung der Veränderungen von α, β, γ, welche durch eine Winkeldrehung ϑ_1 um die x-Axe von der [positiven] y-Axe [auf kürzestem Wege] zur [positiven] z-Axe, durch eine Winkeldrehung ϑ_2 um die y-Achse von der z- zur x-Axe und durch eine Winkeldrehung ϑ_3 um die z-Axe von der x- zur y-Axe erzeugt werden.

Die Axe von β entfernt sich von der x-Axe um den Winkel ϑ_3, so dass der [Werth der] Componente von β in der Abscissenrichtung von Null bis $-\beta\vartheta_3$ wächst.

Die Axe von γ nähert sich der Abscissenaxe um den Winkel ϑ_2, so dass der [Werth der] Componente der Drehung γ in der Abscissenrichtung von Null bis zu $\gamma\vartheta_2$ wächst [40)].

Der Werth der Componente von α in der Abscissenrichtung wächst um eine Grösse, welche vernachlässigt werden kann, da sie von der Grössenordnung der zweiten Potenz der Winkeldrehungen ist. Die Veränderungen von α, β, γ vermöge dieser Ursache sind daher:

$$63)\; \delta\alpha = \gamma\vartheta_2 - \beta\vartheta_3, \quad \delta\beta = \alpha\vartheta_3 - \gamma\vartheta_1, \quad \delta\gamma = \beta\vartheta_1 - \alpha\vartheta_2\,.$$

Die allgemeinsten Ausdrücke für die Gestalt- und Orientirungsänderung eines Volumelements durch die Lagenänderung seiner verschiedenen Theile hängen von den neun Grössen

$$\frac{d}{dx}\delta x, \quad \frac{d}{dy}\delta x, \quad \frac{d}{dz}\delta x; \quad \frac{d}{dx}\delta y, \quad \frac{d}{dy}\delta y, \quad \frac{d}{dz}\delta y;$$

$$\frac{d}{dx}\delta z, \quad \frac{d}{dy}\delta z, \quad \frac{d}{dz}\delta z \quad {}^{41})$$

ab und diese können jedes Mal durch neun andere Grössen ausgedrückt werden, nämlich durch drei einfache Dehnungen oder Compressionen

$$\frac{\delta x'}{x'}, \quad \frac{\delta y'}{y'}, \quad \frac{\delta z'}{z'}$$

um drei passend gewählte Axen x', y', z', die neun Richtungscosinus dieser Axen, welche aber wegen der sechs zwischen ihnen bestehenden Gleichungen nur drei unabhängige Variable darstellen, und die drei Drehungen ϑ_1, ϑ_2, ϑ_3 um die drei Axen x, y und z. Die Richtungscosinus von x' bezüglich x, y und z seien l_1, m_1, n_1, die von y' aber l_2, m_2, n_2, die von z' endlich l_3, m_3, n_3. Dann ist

$$\frac{d}{dx}\delta x = l_1^2 \frac{\delta x'}{x'} + l_2^2 \frac{\delta y'}{y'} + l_3^2 \frac{\delta z'}{z'},$$

$$64) \quad \frac{d}{dy}\delta x = l_1 m_1 \frac{\delta x'}{x'} + l_2 m_2 \frac{\delta y'}{y'} + l_3 m_3 \frac{\delta z'}{z'} - \vartheta_3,$$

$$\frac{d}{dz}\delta x = l_1 n_1 \frac{\delta x'}{x'} + l_2 n_2 \frac{\delta y'}{y'} + l_3 n_3 \frac{\delta z'}{z'} + \vartheta_2 \quad {}^{42}),$$

mit zwei analogen Gleichungen für die Differentialquotienten von δy und δz.

Seien α', β', γ' die Werthe von α, β, γ, bezogen auf die Axen x', y', z'. Dann ist:

$$65) \quad \begin{aligned} \alpha' &= l_1 \alpha + m_1 \beta + n_1 \gamma, \\ \beta' &= l_2 \alpha + m_2 \beta + n_2 \gamma, \\ \gamma' &= l_3 \alpha + m_3 \beta + n_3 \gamma. \end{aligned}$$

Wir finden daher:

$$66) \quad \delta \alpha = l_1 \delta \alpha' + l_2 \delta \beta' + l_3 \delta \gamma' + \gamma \vartheta_2 - \beta \vartheta_3$$

$$67) \quad = l_1 \alpha' \frac{\delta x'}{x'} + l_2 \beta' \frac{\delta y'}{y'} + l_3 \gamma' \frac{\delta z'}{z'} + \gamma \vartheta_2 - \beta \vartheta_3.$$

Substituiren wir hier für α', β', γ' die Werthe 65 und vergleichen wir die so erhaltene Gleichung mit 64, so finden wir:

$$68) \qquad \delta\alpha = \alpha\frac{d}{dx}\delta x + \beta\frac{d}{dy}\delta x + \gamma\frac{d}{dz}\delta x \;^{43})$$

als die durch die Veränderung der Gestalt und Orientirung des Volumelements bewirkte Veränderung von α. Die Veränderungen von β und γ werden durch ähnliche Ausdrücke gegeben.

Satz XI. Berechnung der auf einen bewegten Leiter wirkenden elektromotorischen Kraft.

Die Veränderung der Geschwindigkeit der Wirbel in einem bewegten Volumelemente setzt sich zusammen aus der, welche durch die Wirkung der elektromotorischen Kräfte entsteht, und aus der durch die Gestalt und Lagenänderung des Volumelementes bewirkten. Daher ist die gesammte Veränderung von α

$$69)\;\; \delta\alpha = \frac{1}{\mu}\left(\frac{dQ}{dz} - \frac{dR}{dy}\right)\delta t + \alpha\frac{d}{dx}\delta x + \beta\frac{d}{dy}\delta x + \gamma\frac{d}{dz}\delta x\,.$$

Da aber α eine Function von x, y, z und t ist, so können wir seine Veränderung auch in der Form schreiben:

$$70) \qquad \delta\alpha = \frac{d\alpha}{dx}\delta x + \frac{d\alpha}{dy}\delta y + \frac{d\alpha}{dz}\delta z + \frac{d\alpha}{dt}\delta t \;^{44}).$$

Indem wir die beiden Werthe von $\delta\alpha$ gleich setzen, durch δt dividiren und bedenken, dass wegen der Unzusammendrückbarkeit des Mediums

$$71) \qquad \frac{d}{dx}\frac{dx}{dt} + \frac{d}{dy}\frac{dy}{dt} + \frac{d}{dz}\frac{dz}{dt} = 0\,,$$

und wegen der Abwesenheit von freiem Magnetismus

$$72) \qquad \frac{d\alpha}{dx} + \frac{d\beta}{dy} + \frac{d\gamma}{dz} = 0$$

ist, so finden wir:

$$73)\,\frac{1}{\mu}\left(\frac{dQ}{dz} - \frac{dR}{dy}\right) + \gamma\frac{d}{dz}\frac{dx}{dt} - \alpha\frac{d}{dz}\frac{dz}{dt} - \alpha\frac{d}{dy}\frac{dy}{dt} + \beta\frac{d}{dy}\frac{dx}{dt}$$

$$+ \frac{d\gamma}{dz}\frac{dx}{dt} - \frac{d\alpha}{dz}\frac{dz}{dt} - \frac{d\alpha}{dy}\frac{dy}{dt} + \frac{d\beta}{dy}\frac{dx}{dt} - \frac{d\alpha}{dt} = 0\,.$$

Setzen wir:

74)
$$\alpha = \frac{1}{\mu}\left(\frac{dG}{dz} - \frac{dH}{dy}\right)$$

und

75)
$$\frac{d\alpha}{dt} = \frac{1}{\mu}\left(\frac{d^2G}{dz\,dt} - \frac{d^2H}{dy\,dt}\right),$$

wo F, G, H die Werthe der elektrotonischen Componenten in einem festen Punkte des Raumes sind, so verwandelt sich unsere Gleichung 73 in

76)
$$\frac{d}{dz}\left(Q + \mu\gamma\frac{dx}{dt} - \mu\alpha\frac{dz}{dt} - \frac{dG}{dt}\right)$$
$$- \frac{d}{dy}\left(R + \mu\alpha\frac{dy}{dt} - \mu\beta\frac{dx}{dt} - \frac{dH}{dt}\right) = 0 \quad [45].$$

Die Ausdrücke für die Veränderungen von β und γ liefern uns zwei andere Gleichungen, welche durch cyklische Vertauschungen aus der obigen entstehen. Die vollständige Lösung dieser drei Gleichungen ist:

77)
$$\begin{cases} P = \mu\gamma\dfrac{dy}{dt} - \mu\beta\dfrac{dz}{dt} + \dfrac{dF}{dt} - \dfrac{d\Psi}{dx} \\[2mm] Q = \mu\alpha\dfrac{dz}{dt} - \mu\gamma\dfrac{dx}{dt} + \dfrac{dG}{dt} - \dfrac{d\Psi}{dy} \\[2mm] R = \mu\beta\dfrac{dx}{dt} - \mu\alpha\dfrac{dy}{dt} + \dfrac{dH}{dt} - \dfrac{d\Psi}{dz} \end{cases}$$

Das erste und zweite Glied der rechten Seite jeder Gleichung drückt die Wirkung der Bewegung eines Körpers im magnetischen Felde aus; das dritte Glied bezieht sich auf die Veränderungen des elektrotonischen Zustandes durch die Intensitäts- oder Lagenveränderungen von Magneten oder Strömen, die sich im Felde befinden. Ψ ist eine Function von x, y, z und t, welche durch die von uns ursprünglich aufgestellten Gleichungen unbestimmt gelassen wird, aber in jedem gegebenen Falle durch die Bedingungen des Problems bestimmt werden kann. Die physikalische Bedeutung von Ψ ist die, dass es die elektrische Spannung [das elektrostatische Potential] in jedem Punkte des Raumes bestimmt.

Die physikalische Bedeutung der Glieder, welche die durch die Bewegung des Körpers bedingte elektromotorische Kraft ausdrücken, wird einfacher, wenn wir uns das magnetische Feld homogen denken. Die Feldintensität sei α und die Richtung der magnetischen Kraft die der positiven Abscissen-axe. Wenn dann l, m, n die Richtungscosinus irgend eines Stückes eines linearen Leiters und S dessen Länge sind, so ist die Componente der elektromotorischen Kraft in der Richtung des Leiters

78) $$e = S(Pl + Qm + Rn)$$

oder

79) $$e = S\mu\alpha\left(m\frac{dz}{dt} - n\frac{dy}{dt}\right).$$

Dieselbe ist also das Product der Quantität $\mu\alpha$ der magnetischen Induction durch die Flächeneinheit und der Projection

$$S\left(m\frac{dz}{dt} - n\frac{dy}{dt}\right) \text{ [46])}$$

der vom Leiter S in der Zeiteinheit durchstrichenen Fläche auf eine Ebene, die senkrecht auf der Richtung der magnetischen Kraft steht[47].

Die elektromotorische Kraft an irgend einer Stelle des Leiters, welche durch dessen Bewegung erzeugt wird, ist also gemessen durch die Anzahl der magnetischen Kraftlinien, welche er in der Zeiteinheit durchschneidet, und die gesammte elektromotorische Kraft in einem geschlossenen Leiter ist gemessen durch die Veränderung der Zahl der Kraftlinien [in der Zeiteinheit], welche durch ihn hindurchgehen. Letzteres gilt, ob diese Veränderung durch die Bewegung des Leiters oder durch irgend eine äussere Ursache [Bewegung oder Intensitätsänderung ausserhalb befindlicher Magnetismen oder elektrischer Ströme] erzeugt wird.

Um den Mechanismus zu verstehen, welcher bei Bewegung eines Leiters quer durch die magnetischen Kraftlinien in diesem eine elektromotorische Kraft erzeugt, müssen wir uns erinnern, dass wir in Satz X bewiesen haben, dass die Gestaltänderung eines Theiles des Mediums, welches Wirbel enthält, eine Aenderung in der Geschwindigkeit dieser Wirbel bedingt, speciell dass eine Ausdehnung des Mediums in der Richtung der Wirbelaxen verbunden mit einer Zusammenziehung in allen darauf senkrechten Richtungen eine Zunahme der Geschwindigkeit der Wirbel bewirkt, während eine Verkürzung der Axe

und seitliche Dilatation eine Verminderung der Geschwindigkeit der Wirbel nach sich zieht.

Diese Veränderung der Geschwindigkeit der Wirbel rührt
von inneren Wirkungen der Gestaltänderung her und ist unabhängig von der durch äussere elektromotorische Kräfte bewirkten [superponirt sich mit der letzteren]. Wenn nun die
Aenderung der Geschwindigkeit verhindert oder plötzlich aufgehalten wird, so entsteht eine elektromotorische Kraft, weil
jeder Wirbel die umgebenden Frictionstheilchen in der Richtung
drückt, welche der angestrebten Aenderung seiner Bewegung
entspricht.

Stelle in Fig. 10 der Kreis den Querschnitt eines verticalen

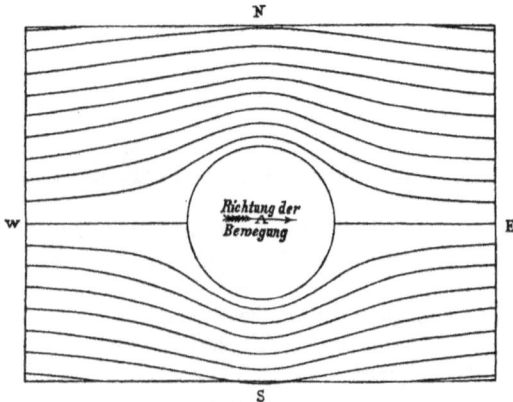

Fig. 10.

[senkrecht zur Ebene der Zeichnung gedachten] Drahtes dar,
welcher sich in der Richtung des Pfeiles von West nach Ost
quer durch ein System magnetischer Kraftlinien bewegt, die
von Süd nach Nord gerichtet sind. Die krummen Linien der
Figur 10 stellen die Strömungslinien des als flüssig gedachten
Mediums in der Umgebung des Drahtes dar, wenn dieser als
ruhend und das umgebende Medium als relativ gegen ihn
bewegt gedacht wird. Es ist klar, dass wir diese Voraussetzung bei Berechnung der Formänderung der Volumelemente
des Mediums machen können, da diese nicht von der absoluten
Bewegung des ganzen Systems, sondern nur von der relativen
Bewegung seiner Theile abhängen kann. Man sieht, dass vor

dem Drahte, also auf dessen Ostseite, jedes Volumelement des
Mediums, wenn sich der Draht nähert, mehr und mehr in der
Ost-West-Richtung zusammengedrückt und in der Nord-Süd-
Richtung ausgedehnt wird. Da nun die Axen der Wirbel die
Nord-Süd-Richtung haben, so hat ihre Geschwindigkeit nach
Satz X fortwährend das Bestreben zu wachsen [und · wächst
wirklich], wenn dies nicht durch elektromotorische Kräfte
verhindert oder plötzlich gehemmt wird, welche auf den Um-
fang jedes Wirbels wirken.

Wir wollen. eine elektromotorische Kraft als positiv bezeichnen, wenn die Wirbel die dazwischen liegenden Frictionstheilchen senkrecht zur Ebene der Zeichnung nach aufwärts
zu bewegen suchen.

Die Wirbel scheinen sich in der Uhrzeigerrichtung zu
drehen, wenn wir von Süden gegen Norden auf sie blicken,
so dass sich jeder Wirbel an der Westseite nach aufwärts, an
der Ostseite nach abwärts bewegt. Vor dem Drahte also, wo
jeder Wirbel seine Geschwindigkeit zu vermehren strebt, muss
die nach aufwärts gerichtete elektromotorische Kraft auf der
Westseite des Wirbels grösser als auf dessen Ostseite sein. Die
nach aufwärts gerichtete elektromotorische Kraft wird also von
einem gegen Osten hin sehr weit entfernt liegenden Punkte,
wo sie Null ist, bis zur Vorderseite des Drahtes wachsen, wo
die aufwärts gerichtete Kraft am stärksten ist. Hinter dem
Drahte spielt sich der entgegengesetzte Vorgang ab. Indem
sich der Draht von den verschiedenen Partien des Mediums
entfernt, werden diese in der Ost-West-Richtung ausgedehnt
und in der Nord-Süd-Richtung zusammengepresst, so dass
sich die Geschwindigkeit der Wirbel zu vermindern und eine
nach aufwärts gerichtete elektromotorische Kraft zu erzeugen
strebt, welche auf der Ostseite jedes Wirbels grösser als auf
der Westseite ist. Die aufwärts gerichtete elektromotorische
Kraft wird daher von einem sehr entfernt gegen Westen gelegenen Punkt, wo sie gleich Null ist, bis zur Hinterseite des
bewegten Drahtes, wo sie am grössten ist, continuirlich zu-
nehmen.

Hieraus ist ersichtlich, dass auf einen verticalen, ostwärts
bewegten Draht eine elektromotorische Kraft wirkt, welche in
ihm einen aufwärts gerichteten Strom zu erzeugen strebt.
Wenn der Draht kein Theil eines geschlossenen Stromkreises
ist, so wird sich kein Strom entwickeln und die magnetische
Kraft nicht geändert werden. Wenn dagegen ein solcher

geschlossener Stromkreis vorhanden ist, so entsteht ein Strom
und die magnetischen Kraftlinien sowie die Geschwindigkeit
der Wirbel erfährt eine Veränderung gegenüber dem Zustande,
welcher vor der Bewegung des Drahtes vorhanden war. Diese
Veränderung der Kraftlinien ist in Fig. 11 dargestellt. Die
Geschwindigkeit der Wirbel vor dem Drahte wächst in der That,
anstatt nur Druckkräfte auf die Frictionstheilchen zu erzeugen,
während sich die der Wirbel hinter dem Drahte vermindert
und die Wirbel zu beiden Seiten des Drahtes eine Aenderung
der Richtung ihrer Rotationsaxe erfahren. Die resultirende
Wirkung auf den Draht ist daher eine der Bewegung desselben entgegengesetzte Kraft.

Wir wollen nun die Annahmen, welche wir gemacht,
und die Resultate, welche wir erhalten haben, recapituliren:

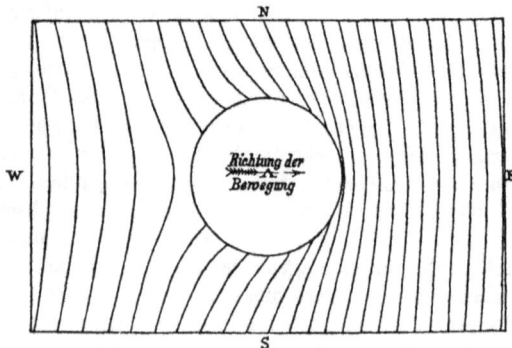

Fig. 11.

1. Die magnet-elektrischen Phänomene werden durch
ein Medium erzeugt, welches an jeder Stelle des magnetischen Feldes einen gewissen Bewegungs- oder Spannungszustand hat, nicht aber durch directe Fernwirkung zwischen
Magneten oder elektrischen Strömen. Die Substanz, welche
diese Wirkungen hervorbringt, kann irgend ein Bestand-
theil der gewöhnlichen Materie oder ein diese durchdrin-
gender Aether sein. Ihre Dichte ist am grössten im Eisen
und am geringsten in diamagnetischen Substanzen; aber sie
muss in allen ausser dem Eisen [und Nickel, Kobalt etc.] sehr
gering sein, da das Verhältniss der magnetischen inductiven
Capacität keiner anderen Substanz zu der des sogenannten
Vacuums erheblich von eins verschieden ist.

2. An jeder Stelle des Feldes, welche von magnetischen
Kraftlinien durchsetzt wird, herrscht eine Ungleichheit des
Druckes in verschiedenen Richtungen; die Richtung der Kraftlinien ist die des geringsten Druckes, so dass die Kraftlinien
als die Richtungen einer [dem Drucke superponirten] Spannung
betrachtet werden können.

3. Diese Druckungleichheit wird durch das Vorhandensein von Wirbeln oder Strudeln hervorgebracht, deren Axen
die Richtung der Kraftlinien haben und für welche der Sinn
der Rotation durch den Sinn der Kraftlinien bestimmt ist.

Wir setzten voraus, dass der Sinn der Rotation für einen
Beobachter, der von Süden gegen Norden blickt, der des Uhrzeigers ist. Soweit unsere bisherige Kenntniss der Thatsachen
reicht, hätten wir mit gleichem Rechte den entgegengesetzten
Umdrehungssinn wählen können, wenn wir die Harzelektricität
an Stelle der Glaselektricität als die positive gewählt hätten.
Die Wirkung dieser Wirbel hängt von ihrer Dichte und von
der Geschwindigkeit an ihrem Umfange ab, ist aber unabhängig
von ihrem Durchmesser. Die Dichte muss der Capacität der
Substanz für magnetische Induction [Magnetisirungszahl] proportional sein; [daher gleich,] wenn sie in Luft gleich 1 gesetzt wird. Die Geschwindigkeit muss sehr gross sein, um in
einem Medium von so geringer Dichte so mächtige Wirkungen
hervorzurufen.

Die Grösse der Wirbel ist unbestimmt, aber wahrscheinlich sehr klein im Vergleich zu der eines vollständigen Moleküls
der gewöhnlichen Materie*) [vergl. Anm. 30].

4. Die Wirbel sind von einander durch einfache Lagen
runder Theilchen [der Frictionstheilchen] getrennt, so dass ein
System von Zellen entsteht, deren Wände durch die Lagen
dieser Frictionstheilchen gebildet werden, während die Substanz innerhalb jeder Zelle wie ein Wirbel zu rotiren vermag.

5. Die Frictionstheilchen jeder Lage rollen an den beider-

---

*) Das Drehungsmoment des Systems der Wirbel hängt von
deren mittlerem Durchmesser ab. Wenn daher dieser Durchmesser
messbar wäre, so wäre zu erwarten, dass sich ein Magnet so verhalten würde, als ob er in seinem Innern einen rotirenden Körper
enthielte [ein rotirendes Gyroskop wäre], und dass das Vorhandensein dieser Rotation durch Experimente über die freie Rotation
von Magneten entdeckt werden könnte. Ich habe Experimente
gemacht, um dieser Frage näher zu treten, habe aber den Apparat
noch nicht genügend durchgeprüft.

seits anliegenden Wirbeln ohne Reibung und ohne zu gleiten.
Sie können zwischen den Wirbeln vollkommen frei rollen und
dabei in beliebiger Richtung fortschreiten, vorausgesetzt, dass
sie dabei das Innere eines vollständigen Moleküls der Substanz
nicht verlassen. Wenn sie aber von einem Molekül zu einem
anderen übergehen, so erfahren sie einen Widerstand und erzeugen unregelmässige Bewegungen, welche sich als Wärme
kundgeben. Diese Frictionstheilchen spielen in unserer Theorie
die Rolle der Elektricität. Ihr Fortschreiten in einer Richtung
bedingt einen elektrischen Strom, ihre Drehungen dienen, um
die Bewegung der Wirbel von Stelle zu Stelle im Felde fort-
zupflanzen. Die hierbei entstehenden tangentialen Druckkräfte
sind die elektromotorischen Kräfte.

Die Vorstellung von Theilchen, deren Bewegung durch die
Bedingung bestimmt ist, dass sie an den beiderseits anliegenden Wirbeln ohne Gleitung rollen, mag einigermaassen un-
befriedigend scheinen. Ich will sie nicht als die richtige Ansicht
über das, was in der Natur existirt, oder als eine Hypothese
über das Wesen der Elektricität im bisherigen Sinne dieses
Wortes angesehen wissen. Diese Art der Verbindung ist
jedoch mechanisch denkbar, leicht zu untersuchen und geeignet, die wirklichen mechanischen Beziehungen zwischen den
bekannten elektromagnetischen Erscheinungen darzustellen. Ich
stehe daher nicht an zu glauben, dass jeder, der den provisori-
schen Charakter dieser Hypothese richtig aufgefasst hat, durch
dieselbe bei Untersuchungen über die wahre Deutung der
Phänomene mehr gefördert als gehemmt werden wird[48]. Die
Wirkung zwischen den Wirbeln und den Frictionstheilchen ist
zum Theil eine tangentiale, so dass, wenn irgend ein Gleiten
oder eine Relativbewegung zwischen den Berührungsflächen
statt hätte, ein Verlust der Energie des Kraftfeldes und eine
allmähliche Verwandlung derselben in Wärme eintreten müsste.
Nun wissen wir aber, dass sich die Kraftlinien in der Umgebung eines Magnets ohne jeden Energieaufwand durch un-
begrenzte Zeit hindurch erhalten. Wir müssen daher schliessen,
dass, wo immer eine tangentiale Wirkung zwischen den verschiedenen Theilen des Mediums stattfindet, keine Gleitung
zwischen diesen Theilen eintritt. Wir müssen uns also vorstellen, dass die Wirbel und Frictionstheilchen ohne Gleitung
an einander rollen und dass die inneren Schichten jedes Wirbels die ihnen eigenthümliche Geschwindigkeit von der äusser-
sten Schichte ohne Gleitung erhalten, d. h. dass die Winkel-

geschwindigkeit an allen Stellen eines und desselben Wirbels dieselbe ist[49]).

Der einzige Vorgang, bei welchem Energie verloren geht und in Wärme verwandelt wird, ist der Uebergang der Elektricität von Molekül zu Molekül. In allen anderen Fällen kann die Energie der Wirbel sich nur vermindern, wenn durch die [ponderomotorische] Wirkung von Magneten [oder elektrischen Strömen] eine äquivalente Menge von mechanischer Arbeit erzeugt wird.

6. Die Wirkung eines elektrischen Stromes auf das umgebende Medium besteht darin, dass er den Wirbeln, welche mit ihm in Berührung stehen, eine solche Rotation ertheilt, dass sich die dem Strome zugewandten Theile derselben in der gleichen Richtung wie der Strom bewegen. Die vom Strome abgewandten Theile derselben werden sich dann in der entgegengesetzten Richtung bewegen, und wenn das Medium ein Leiter der Elektricität ist, so dass die Frictionstheilchen in jeder Richtung frei beweglich sind, so werden die die Aussenseite dieser Wirbel berührenden Frictionstheilchen in einer dem Strome entgegengesetzten Richtung zur Bewegung angeregt werden; es entsteht also dort zunächst ein dem primären Strome entgegengesetzt gerichteter Inductionsstrom.

Wenn die Frictionstheilchen bei ihrer Bewegung keinen Widerstand zu überwinden hätten, so würde der Inductionsstrom dem primären gleich und entgegengesetzt gerichtet sein und er würde so lange andauern, als der primäre Strom fliesst, so dass er alle Fernwirkung des Primärstromes aufheben würde. Wenn aber dieser inducirte Strom einen Widerstand findet, so wirken dessen Frictionstheilchen auf die jenseits liegenden Wirbel und pflanzen die Wirbelbewegung zu diesen fort, bis schliesslich alle Wirbel des Mediums sich mit solchen Geschwindigkeiten bewegen, dass die Frictionstheilchen keine fortschreitende Bewegung haben, sondern nur Drehungen um ihre Mittelpunkte ausführen und daher alle Inductionsströme aufgehört haben.

Bei der Uebertragung der Bewegung von einem Wirbel zum anderen sind Kräfte zwischen den Frictionstheilchen und den Wirbeln thätig, durch welche die Frictionstheilchen in der einen, die Wirbel in der entgegengesetzten Richtung gedrückt werden. Wir nennen jede Kraft, welche auf die Frictionstheilchen wirkt, eine elektromotorische Kraft. Die Gegenwirkung auf die Wirbel ist derselben gleich, aber entgegengesetzt gerichtet, so dass sie niemals einen Theil des Mediums als Ganzes bewegen, sondern nur elektrische Ströme hervorbringen kann [50]). Wenn der primäre Strom aufgehalten wird, so wirken alle elektromotorischen Kräfte genau in der entgegengesetzten Richtung.

7. Wenn ein elektrischer Strom oder Magnet in der Nähe eines Leiters bewegt wird, so wird die Geschwindigkeit der Drehung der Wirbel an jeder Stelle des Feldes durch diese Bewegung geändert. Die Kraft, mit welcher der jedem Wirbel zukommende Betrag von Drehgeschwindigkeit auf diesen übertragen wird, stellt in diesem Falle ebenfalls eine elektromotorische Kraft dar und kann elektrische Ströme erzeugen, wenn sie geschlossene Stromkreise findet.

8. Wenn ein Leiter in einem magnetischen Kraftfelde bewegt wird, so werden die Wirbel in seinem Innern und in seiner Nachbarschaft von ihren Plätzen wegbewegt und erleiden dabei Formänderungen. Die Kraft, welche von diesen Formänderungen herrührt, stellt die auf einen beweglichen Leiter wirkende elektromotorische Kraft dar, und wir fanden durch Rechnung, dass sie mit der experimentell bestimmten übereinstimmt.

Wir haben nun gezeigt, in welcher Weise die elektromagnetischen Erscheinungen durch die Fiction eines Systems von Molekularwirbeln nachgeahmt werden können. Wer bereits zur Annahme einer derartigen Hypothese geneigt ist, findet hier die Bedingungen, welche· erfüllt sein müssen, um ihr mathematische Folgerichtigkeit zu verleihen und eine hinlänglich befriedigende Vergleichung zwischen ihren logischen Consequenzen und den Thatsachen, soweit sie gegenwärtig bekannt sind, zu gestatten. Wer aber die Thatsachen auf einem anderen Wege zu erklären sucht, dem möge diese Schrift den Vergleich der Theorie eines die Kräfte vermittelnden Mediums mit der von Strömen, welche frei durch die Körper fliessen, und mit der Hypothese ermöglichen, dass die Elektricität mit einer von ihrer Geschwindigkeit abhängenden Kraft direct in die Ferne wirkt und daher nicht dem Gesetze von der Erhaltung der Energie unterworfen ist [51]).

Die Thatsachen des Elektromagnetismus sind so complicirt und mannigfaltig, dass die Erklärung irgend einer Gruppe derselben durch mehrere verschiedene Hypothesen von Interesse sein muss, und zwar nicht bloss für die Physiker, sondern für alle, welche zu beurtheilen wünschen, inwieweit die

zutreffende Erklärung gewisser Erscheinungen ein sicheres Zeichen
der Richtigkeit einer Theorie ist und inwieweit wir die Uebereinstimmung des mathematischen Ausdrucks zweier Reihen von
Erscheinungen als einen Beweis betrachten dürfen, dass diese
Erscheinungen von derselben Art sind. Wir wissen, dass
theilweise Uebereinstimmungen von dieser Art [schon oft] entdeckt worden sind. Die Thatsache, dass sie nur theilweise
sind, wurde dann durch die Verschiedenheit der Gesetze der
beiden Erscheinungsreihen in anderen Beziehungen bewiesen.
Wir können erwarten, dass sich in der weiteren Entwicklung
der Physik Beispiele einer vollständigeren Uebereinstimmung
finden werden, bei denen tiefgehende Untersuchungen erforderlich sind, um ihre wesentliche Verschiedenheit aufzudecken.

Anmerkung. Nachdem der erste Theil dieser Abhandlung
geschrieben war, sah ich in *Crelle*'s Journal*) eine Abhandlung von Prof. *Helmholtz* über Flüssigkeitsbewegung, in welcher
dieser ausführt, dass die magnetischen Kraftlinien nach denselben Gesetzen wie die Strömungslinien der Flüssigkeitsbewegung verlaufen, wenn die des elektrischen Stromes den
Drehungsaxen derjenigen Volumelemente der Flüssigkeit entsprechen, welche sich im Zustande einer Rotation befinden.
Dies ist ein neuer Beweis einer »physikalischen Analogie«,
welche zur gleichzeitigen Veranschaulichung zweier verschiedener Erscheinungsgebiete, des Elektromagnetismus und der
Hydrodynamik, dienen kann.

3. Theil.

Anwendung der Theorie der Molekularwirbel auf die statische Elektricität.

Im ersten Theile der vorliegenden Untersuchung habe ich
gezeigt, wie die zwischen Magneten, elektrischen Strömen und
magnetisirbaren Körpern wirkenden Kräfte aus der Hypothese
erklärt werden können, dass das Feld mit unzähligen Wirbeln
erfüllt ist, deren Drehungsaxen in jedem Punkte des Feldes
mit der Richtung der magnetischen Kraft zusammenfallen.

---

*) Bd. 55, S. 25, 1858. Ges. Abh. I S. 101. Diese Klass. 79.

Die Centrifugalkraft dieser Wirbel bringt Druckkräfte hervor, welche so im Felde vertheilt sind, dass ihr schliesslicher Effekt in einer Kraft besteht, welche in Grösse und Richtung mit der beobachteten identisch ist.

Im zweiten Theile beschrieb ich einen Mechanismus, durch welchen bewirkt werden kann, dass alle diese Rotationen gleichzeitig neben einander bestehen und sich nach den bekannten Gesetzen der magnetischen Kraftlinien anordnen.

Ich nahm an, dass die rotirende Materie den Inhalt von Zellen bildet, welche von einander durch Zellwände getrennt sind; letztere aber aus Theilchen zusammengesetzt sind, welche sehr klein im Vergleich mit den Zellen sind, und dass durch die Bewegung dieser Theilchen und ihre tangentiale Wirkung auf die in den Zellen enthaltene Substanz die Drehung von Zelle zu Zelle fortgepflanzt wird.

Ich machte keinen Versuch, eine Erklärung dieser tangentialen Wirkung zu geben. Um aber die Uebertragung der Drehung von den äusseren zu den inneren Theilen jedes Wirbels zu erklären, ist es nothwendig, vorauszusetzen, dass die Substanz der Zellen Elasticität besitzt, welche dem Wesen nach gleich, wenn auch dem Grade nach verschieden ist von der, welche wir an festen Körpern beobachten. Die Undulationstheorie des Lichtes zwingt uns ohnedies, dem Lichtäther eine derartige Elasticität beizulegen, um uns von den transversalen Schwingungen desselben Rechenschaft geben zu können. Wir werden daher um so mehr geneigt sein, auch dem magnet - elektrischen Medium dieselbe Eigenschaft zuzuschreiben.

Nach unserer Theorie bilden die Frictionstheilchen, welche die Wirbel von einander trennen, die Materie der Elektricität, die Bewegung dieser Frictionstheilchen stellt den elektrischen Strom dar. Die tangentiale Kraft, mit welcher die Frictionstheilchen von dem Zellinhalte gedrückt werden, ist die elektromotorische Kraft und der [durch die Elasticität der Wirbel vermittelte scheinbare] Druck der Frictionstheilchen auf einander [siehe Anm. 57, § 5] entspricht der Spannung oder dem Potentiale der Elektricität.

Wenn wir nun das Verhalten eines Körpers in Bezug auf das umgebende Medium auch in den Fällen angeben können, wo wir den Körper als elektrostatisch geladen bezeichnen, und wenn wir uns von den Kräften Rechenschaft geben können, welche zwischen derartig geladenen Körpern wirksam sind, so haben wir eine Verbindung zwischen allen grundlegenden Erscheinungen der Elektricitätslehre hergestellt.

Wir wissen aus Versuchen, dass die elektrische Spannung dieselbe Erscheinung ist, ob sie an statischer oder strömender Elektricität beobachtet wird, so dass eine elektromotorische Kraft, welche durch Magnetismus erzeugt wird (wie die eines magnetelektrischen Inductionsapparates), eine Leydenerflasche statisch zu laden im Stande ist.

Wenn ein Spannungsunterschied in den verschiedenen Theilen irgend eines Körpers besteht, so fliesst die Elektricität von den Stellen grösserer Spannung zu denen geringerer oder sucht wenigstens so zu fliessen. Wenn der Körper ein Leiter ist, so findet wirkliche Elektricitätsbewegung statt, und wenn die Spannungsdifferenz dauernd unterhalten wird, so dauert auch der elektrische Strom mit einer Geschwindigkeit an, welche dem Widerstande verkehrt oder der Leitungsfähigkeit des Körpers direct proportional ist.

Die Werthe des elektrischen Widerstandes liegen innerhalb sehr weiter Grenzen; der der Metalle ist der kleinste, der von Glas aber so gross, dass die elektrische Ladung in einer Leydenerflasche aus Glas durch Jahre aufbewahrt werden konnte, ohne die geringe Dicke des Glases zu durchdringen*).

Körper, welche dem elektrischen Strome den Durchgang durch ihr Inneres nicht gestatten, nennt man Isolatoren, aber obwohl die Elektricität nicht durch sie hindurchfliesst, so werden doch elektrische Wirkungen durch sie hindurch fortgepflanzt, und zwar in verschiedenem Grade je nach der Natur der Körper, so dass gleich gute Isolatoren als Dielektrika verschiedene Wirkungen ausüben können**).

Wir haben also hier zwei von einander unabhängige Eigenschaften der Körper. Die eine, vermöge deren sie den Durchgang der Elektricität durch ihr Inneres gestatten, und die andere, vermöge deren eine elektrische Wirkung durch sie hindurch fortgepflanzt wird, ohne dass irgend ein elektrischer Strom durch ihr Inneres hindurchgeht. Ein Leiter kann mit einer porösen Membran verglichen werden, welche dem Durchgange der Elektricität mehr oder weniger Widerstand entgegensetzt, während ein Dielektrikum einer elastischen Membran gleicht, welche für die Flüssigkeit vollkommen undurchdringlich sein

---

*) Durch Professor *W. Thomson*.
**) *Faraday*'s Exp.-Unters. Ser. 11.

kann und doch deren Druck von der einen Seite zur anderen überträgt.

So lange eine elektromotorische Kraft auf einen Leiter wirkt, erzeugt dieselbe einen elektrischen Strom, welcher, da er Widerstand findet, eine fortwährende Verwandlung elektrischer Energie in Wärme veranlasst, die nicht wieder durch eine irgendwie beschaffene Umkehrung des Processes in die Form von elektrischer Energie rückverwandelt werden kann.

Wenn eine elektromotorische Kraft auf ein Dielektrikum wirkt, so erzeugt sie in den Volumelementen desselben einen Polarisationszustand, dessen Gesetze analog denen der Polarisation der Volumelemente des Eisens unter dem Einflusse magnetischer Kräfte sind*) und der ähnlich der magnetischen Polarisation als ein Zustand beschrieben werden kann, bei welchem jedes Theilchen an seinen entgegengesetzten Enden entgegengesetzte Pole besitzt.

Wir können uns denken, dass in einem Dielektrikum unter Wirkung der Induction [Influenz] in jedem Molekül die Elektricität so verschoben wird, dass eine Seite desselben positiv, die andere negativ elektrisch wird, ohne dass aber die in einem Molekül einmal vorhandene Elektricität dieses Molekül verlässt und so von Molekül zu Molekül fortwandert.

Das Resultat dieser Wirkung auf die elektrischen Körper als Ganzes ist eine allgemeine Verschiebung der darin enthaltenen Elektricität in einer bestimmten Richtung. Diese Verschiebung ist selbst kein [dauernder] elektrischer Strom, da sie, sobald sie einen bestimmten Werth erreicht hat, constant bleibt, aber sie ist der Beginn eines Stromes und ihre Veränderungen stellen einen Strom in der positiven oder negativen Richtung dar, je nachdem die Verschiebung wächst oder abnimmt. Der Betrag der Verschiebung hängt von der Natur des Körpers und von der Stärke der elektromotorischen Kraft ab. Wenn daher h die Verschiebung, R die elektromotorische Kraft und E ein von der Natur des Dielektrikums abhängiger Coefficient ist, so hat man

$$R = -4\pi E^2 h.$$

Wenn ferner r die Stärke des dieser Verschiebung entsprechenden elektrischen Stromes ist, so ist

*) Siehe Prof. *Mossotti*, »Discussione analitica«. Memoria della Soc. Italiana (Modena), vol. XXIV part. 2 p. 49.

$$r = \frac{dh}{dt}.$$

Diese Relationen sind unabhängig von jeder Theorie über den inneren Mechanismus der Dielektrika. Wenn wir aber finden, dass elektromotorische Kräfte in einem Dielektrikum elektrische Verschiebungen erzeugen und dass beim Aufhören der elektromotorischen Kräfte das Dielektrikum seinem ursprünglichen Zustande mit einer gleichen Kraft wieder zustrebt, so springt die Analogie mit dem Verhalten eines elastischen Körpers, welcher durch Druck deformirt wird und beim Aufhören des Druckes seine alte Form wieder annimmt, in die Augen.

Nach unserer Hypothese ist das magnetische Medium in Zellen getheilt, welche durch die von den Frictionstheilchen gebildeten Schichten getrennt werden. Letztere spielen die Rolle der Elektricität. Wenn die Frictionstheilchen nach irgend einer Richtung gedrückt werden, so deformiren sie den Inhalt jeder Zelle durch ihre tangentiale Wirkung auf die elastische Substanz desselben und rufen gleiche, entgegengesetzte Kräfte wach, welche von der Elasticität des Zellinhaltes herrühren. Wenn die Kraft aufhört, so nehmen die Zellen ihre alte Gestalt wieder an und die Frictionstheilchen, welche die Elektricität vorstellen, kehren in ihre alte Lage zurück. In der folgenden Untersuchung will ich die Beziehung zwischen der Verschiebung der letzteren und der sie erzeugenden Kraft unter der Annahme berechnen, dass die Zellen Kugelgestalt haben. Die wirkliche Gestalt der Zellen ist vermuthlich von der einer Kugel nicht so weit verschieden, dass dadurch ein erheblicher Unterschied in dem numerischen Resultate erzeugt würde. Aus dem sich ergebenden Resultate werde ich dann das Verhältniss zwischen dem elektrostatischen und elektrodynamischen Maasse der Elektricität ableiten und durch den Vergleich der elektromagnetischen Experimente von *Kohlrausch* und *Weber* mit dem von *Fizeau* gefundenen Werthe der Lichtgeschwindigkeit zeigen, dass die Elasticität des den Magnetismus vermittelnden Mediums in Luft gleich der des Lichtäthers ist, wenn diese zwei überall existirenden, einander durchdringenden und mit gleicher Elasticität begabten Medien nicht vielmehr ein und dasselbe Medium sind.

In Satz XV wird sich auch zeigen, dass die Anziehung zwischen zwei elektrisirten Körpern dem Werthe von E^2

proportional ist und dass sie daher in Terpentinöl kleiner als in
Luft ist, wenn die Quantität der Elektricität auf den anzie-
henden Körpern dieselbe bleibt. Wenn dagegen die Potentiale
auf den beiden Körpern gegeben wären, so wäre die Anziehung
zwischen denselben dem E^2 verkehrt proportional und grösser
in Terpentinöl als in Luft. (Vergl. Anm. 18.)

Satz XII. Berechnung der Bedingungen des Gleichgewichts einer elastischen Kugel, deren Oberfläche normalen
und tangentialen Kräften ausgesetzt ist, wenn die tangentialen
Kräfte dem Sinus des Winkelabstandes von einem gegebenen
Punkte der Kugel proportional sind.

Es sei die z-Axe die Axe sphärischer Coordinaten,
ξ, η, ζ seien die Verschiebungen irgend eines Theilchens
der Kugel in den drei Coordinatenrichtungen, p_{xx}, p_{yy}, p_{zz}
die normalen elastischen Kräfte in den drei Coordinatenrichtungen, p_{yz}, p_{zx} und p_{xy} aber die elastischen Schub-
oder Torsionskräfte in der yz-, zx- und xy-Ebene und μ
der kubische Elasticitätscoefficient, so dass man, wenn

$$p_{xx} = p_{yy} = p_{zz} = p$$

ist, hat

80)
$$p = \mu\left(\frac{d\xi}{dx} + \frac{d\eta}{dy} + \frac{d\zeta}{dz}\right).$$

Endlich sei m der Torsionscoefficient, so dass

81)
$$p_{xx} - p_{yy} = m\left(\frac{d\xi}{dx} - \frac{d\eta}{dy}\right) \text{ etc.}$$

ist. Dann haben wir, wenn die Kugel aus isotroper Substanz
besteht, die folgenden Elasticitätsgleichungen:

82)
$$p_{xx} = (\mu - \tfrac{1}{3}m)\left(\frac{d\xi}{dx} + \frac{d\eta}{dy} + \frac{d\zeta}{dz}\right) + m\frac{d\xi}{dx},$$

83)
$$p_{yz} = \frac{m}{2}\left(\frac{d\eta}{dz} + \frac{d\zeta}{dy}\right),$$

jede mit zwei analogen Gleichungen für die beiden übrigen
Coordinatenaxen [52]). Wir nehmen nun an, die betrachtete
Kugel habe den Radius a und es sei

84) $\xi = exx$, $\eta = exy$, $\zeta = f(x^2 + y^2) + g z^2 + d$.

Dann folgt:

85) $\begin{cases} p_{xx} = 2\left(\mu - \tfrac{1}{3}m\right)(e+g)z + mez = p_{yy}, \\[1mm] p_{zz} = 2\left(\mu - \tfrac{1}{3}m\right)(e+g)z + 2mgz, \\[1mm] p_{yz} = \dfrac{m}{2}(e+2f)y, \\[1mm] p_{zx} = \dfrac{m}{2}(e+2f)x, \\[1mm] p_{xy} = 0. \end{cases}$

Die Bedingungsgleichung für das Gleichgewicht der in der z-Richtung auf ein im Innern liegendes Volumelement wirkenden Kräfte ist

86) $\qquad \dfrac{d}{dx}p_{zx} + \dfrac{d}{dy}p_{yz} + \dfrac{d}{dz}p_{zz} = 0.$

Dieselbe ist in unserem Falle erfüllt, sobald

87) $\qquad m(e+2f+2g) + 2\left(\mu - \tfrac{1}{3}m\right)(e+g) = 0$

ist. Die auf die Oberfläche der Kugel vom Radius a in der Winkeldistanz ϑ von der z-Axe in der xz-Ebene wirkende Tangentialkraft ist [wie immer bezogen auf die Flächeneinheit]

88) $T = (p_{xx} - p_{zz})\sin\vartheta\cos\vartheta + p_{xz}(\cos^2\vartheta - \sin^2\vartheta)$ [53)]

89) $\quad = 2m(e+f-g)a\sin\vartheta\cos^2\vartheta - \dfrac{ma}{2}(e+2f)\sin\vartheta.$

Damit T dem Sinus von ϑ proportional sei, muss das erste Glied verschwinden. Es muss also sein:

90) $\qquad\qquad g = e + f,$

91) $\qquad\qquad T = -\dfrac{ma}{2}(e+2f)\sin\vartheta.$

Der normale Zug auf die Oberfläche in irgend einem Punkte ist:

92) $\quad N = p_{xx}\sin^2\vartheta + p_{zz}\cos^2\vartheta + 2p_{xz}\sin\vartheta\cos\vartheta$

$= 2\left(\mu - \tfrac{1}{3}m\right)(e+g)a\cos\vartheta + 2ma\cos\vartheta[(e+f)\sin^2\vartheta + g\cos^2\vartheta].$

Daher ist nach 87 und 90

93) $\qquad\qquad N = -ma(e+2f)\cos\vartheta.$

Die tangentiale Verschiebung in irgend einem Punkte ist:

94) $t = \xi \cos\vartheta - \zeta \sin\vartheta = - (a^2 f + d) \sin\vartheta ,$

die normale Verschiebung aber ist:

95) $n = \xi \sin\vartheta + \zeta \cos\vartheta = [a^2 (e + f) + d] \cos\vartheta .$

Wenn wir

96) $a^2 (e + f) + d = 0$

setzen, so findet keine normale Verschiebung statt, die Verschiebungen sind rein tangential und wir haben:

97) $t = a^2 e \sin\vartheta .$

Die gesammte von den auf die Kugeloberfläche wirkenden Kräften geleistete Arbeit ist

$$U = \tfrac{1}{2} \Sigma (Tt) dS ,$$

wobei die Summation über die ganze Oberfläche der Kugel zu erstrecken ist. Die elastische Energie der Substanz der Kugel ist:

[97a] $U = \tfrac{1}{2} \Sigma \left[\dfrac{d\xi}{dx} p_{xx} + \dfrac{d\eta}{dy} p_{yy} + \dfrac{d\zeta}{dz} p_{zz} + \left(\dfrac{d\eta}{dz} + \dfrac{d\zeta}{dy} \right) p_{yz} \right.$

$\left. + \left(\dfrac{d\zeta}{dx} + \dfrac{d\xi}{dz} \right) p_{zx} + \left(\dfrac{d\xi}{dy} + \dfrac{d\eta}{dx} \right) p_{xy} \right] dV ,$

wobei die Summation über das ganze Volumen der Kugel zu erstrecken ist. Für beide Grössen finden wir, wie es auch sein muss, denselben Werth, nämlich:

98) $U = - \tfrac{2}{3} \pi a^5 m e (e + 2f) .$

Wir können voraussetzen, dass die tangentiale Wirkung auf die Oberfläche von der Schicht der sie berührenden Frictionstheilchen herrührt, welche unter dem Einflusse ihres gegenseitigen Druckes [vergl. aber Anm. 57 § 5] auf die Oberflächen der beiden Zellen wirken, mit denen sie in Berührung stehen.

Wir wählen die Richtung der grössten Aenderung des Druckes auf die Frictionstheilchen zur x-Axe und wollen die Relation zwischen der auf die Frictionstheilchen in dieser Richtung wirkenden elektromotorischen Kraft R und der sie begleitenden elektrischen Verschiebung h berechnen.

Satz XIII. Berechnung der Gleichung zwischen der elektromotorischen Kraft und der elektrischen Verschiebung, wenn eine gleichförmige elektromotorische Kraft parallel der z-Axe wirkt.

Wir betrachten irgend ein Element δS der Oberfläche der nun kugelförmig gedachten Zelle. ϱ sei die [Flächen-] Dichte der dasselbe bedeckenden Schicht von Frictionstheilchen; die zu δS nach aussen gezogene Normale bilde mit der z-Axe den Winkel ϑ. Die darauf wirkende tangentiale Kraft ist

99) $$\varrho\, R \delta S \sin\vartheta = 2\,T\delta S\,,$$

wobei T wie früher die tangentiale Kraft auf die jeder Seite der Fläche anliegenden Wirbeltheilchen ist[54]). Setzen wir wie in Gleichung 34 S. 28 $\varrho = \dfrac{1}{2\,\pi}$, so erhalten wir

100) $$R = -\,2\,\pi m a (e + 2 f)\,.$$

Die Verschiebung der Elektricität in Folge der durch die Kraft R erzeugten Lagenänderung der Theilchen der Kugel ist

101) $$\Sigma\,\delta S\,\tfrac{1}{2}\,\varrho\, t \sin\vartheta\,,$$

wobei die Summation über die ganze Oberfläche zu erstrecken ist. Wenn ferner h die elektrische Verschiebung bezogen auf die Volumeinheit ist, so erhalten wir

102) $$\tfrac{4}{3}\,\pi a^3 h = \tfrac{2}{3}\,a^4 e\,,$$

oder

103) $$h = \frac{1}{2\,\pi}\,ae \quad {}^{55}),$$

so dass

104) $$R = 4\,\pi^2 m\,\frac{e + 2 f}{e}\,h$$

wird, wofür wir auch schreiben können

105) $$R = -\,4\,\pi E^2 h\,,$$

wenn wir setzen:

106) $$E^2 = -\,\pi m\,\frac{e + 2 f}{e}\,,$$

oder vermöge der Werthe 87 und 90 für e und f:

107)
$$E^2 = \pi m - \frac{3}{1 + \frac{5\,m}{3\,\mu}}.$$

Das Verhältniss von m zu μ ist in verschiedenen Substanzen
verschieden. In einer Substanz, deren Elasticität nur durch
Centralkräfte zwischen Paaren materieller Punkte bewirkt wird,
ist dieses Verhältniss gleich $6:5$, und in diesem Falle wird

108) $E^2 = \pi m$.

Wenn der Widerstand gegen allseitige Zusammendrückung unendlich gross gegenüber dem gegen Torsion [Schiebung] ist,
wie in einer durch Gummi oder Gelatine schwach elastisch
gemachten Flüssigkeit [oder in Kautschuk], so ist

109) $E^2 = 3\,\pi m$.

Der Werth von E^2 muss jedenfalls zwischen diesen Grenzen
liegen [56]. Es ist wahrscheinlich, dass die Substanz unserer
Zellen von der ersteren Art ist, so dass E^2 den ersteren Werth
hat, welcher einem hypothetischen, vollkommen festen Körper [*])
entspricht, in welchem

110) $5\,m = 6\,\mu$

ist, so dass die Gleichung 108 gilt.

Satz XIV. Correction der Gleichungen 9 Seite 18 der
elektrischen Ströme wegen der Wirkung der Elasticität des
Mediums.

Wir sahen, dass elektromotorische Kraft und elektrische
Verschiebung durch die Gleichungen 105 verbunden sind.
Durch Differentiation dieser Gleichungen nach [der Zeit] t
finden wir:

111) $\frac{dR}{dt} = -\,4\,\pi E^2 \frac{dh}{dt}$.

Jede Veränderung der elektromotorischen Kraft ist daher mit
einer Veränderung der elektrischen Verschiebung verbunden,
aber eine Veränderung der Verschiebung ist einem Strome
äquivalent und dieser Strom muss in den Gleichungen 9
berücksichtigt und zu r addirt werden, so dass diese drei
Gleichungen die Form annehmen:

---

  *) Siehe *Rankine*, »On Elasticity«. Camb. and Dub. Math.
Journ. 1851.

$$112) \quad \begin{cases} p = \dfrac{1}{4\,\pi} \left(\dfrac{d\gamma}{dy} - \dfrac{d\beta}{dz} - \dfrac{1}{E^2}\dfrac{dP}{dt} \right), \\[2mm] q = \dfrac{1}{4\,\pi} \left(\dfrac{d\alpha}{dz} - \dfrac{d\gamma}{dx} - \dfrac{1}{E^2}\dfrac{dQ}{dt} \right)\ ^{57)}, \\[2mm] r = \dfrac{1}{4\,\pi} \left(\dfrac{d\beta}{dx} - \dfrac{d\alpha}{dy} - \dfrac{1}{E^2}\dfrac{dR}{dt} \right), \end{cases}$$

wo p, q, r die Componenten [der Dichte] des [galvanisch geleiteten] elektrischen Stromes, α, β, γ die der magnetischen Kraft und P, Q, R die der elektromotorischen Kraft in den Coordinatenrichtungen sind. Nun besteht aber, wenn e die Menge der freien Elektricität in der Volumeneinheit ist, die Continuitätsgleichung

$$113) \qquad \frac{dp}{dx} + \frac{dq}{dy} + \frac{dr}{dz} + \frac{de}{dt} = 0\,.$$

Berechnen wir die drei ersten Glieder des Ausdrucks links, indem wir die erste der Gleichungen 112 nach x, die zweite nach y, die dritte nach z ableiten, so folgt:

$$114) \qquad \frac{de}{dt} = \frac{1}{4\,\pi E^2}\frac{d}{dt}\left(\frac{dP}{dx} + \frac{dQ}{dy} + \frac{dR}{dz} \right),$$

was

$$115) \qquad e = \frac{1}{4\,\pi E^2}\left(\frac{dP}{dx} + \frac{dQ}{dy} + \frac{dR}{dz} \right)$$

liefert, wenn man die Constante gleich Null setzt, da jedenfalls $e = 0$ sein muss, wenn keine elektrischen Kräfte vorhanden sind [58]).

Satz XV. Berechnung der [ponderomotorischen] Kraft, welche zwischen zwei elektrisirten Körpern wirkt.

Die Energie, welche im Medium vermöge der elektrischen Verschiebungen vorhanden ist, hat den Werth

$$116) \qquad U = -\Sigma \tfrac{1}{2}(Pf + Qg + Rh)\,\delta V,$$

wobei P, Q, R die Componenten der elektrischen Kräfte, f, g, h die der elektrischen Verschiebungen sind. Wenn nun keine Bewegung der Körper und keine Veränderung der Kräfte stattfindet, so ist vermöge der Gleichungen 77 Seite 44

$$117) \qquad P = -\frac{d\Psi}{dx}, \quad Q = -\frac{d\Psi}{dy}, \quad R = -\frac{d\Psi}{dz}\,.$$

Nach Gleichung 105 aber ist

118) $P = -4\pi E^2 f, \quad Q = -4\pi E^2 g, \quad R = -4\pi E^2 h.$

[Mit Rücksicht auf 117 und 118] folgt [aus Gleichung 116]

119) $\qquad U = \frac{1}{8\pi E^2} \Sigma \left[\left(\frac{d\Psi}{dx}\right)^2 + \left(\frac{d\Psi}{dy}\right)^2 + \left(\frac{d\Psi}{dz}\right)^2\right] \delta V.$

Die Integration ist über den ganzen Raum auszudehnen. Wenn wir das erste Glied bezüglich x, das zweite bezüglich y, das dritte bezüglich z partiell integriren und bedenken, dass Ψ in unendlicher Entfernung verschwindet, so erhalten wir:

120) $\qquad U = -\frac{1}{8\pi E^2} \Sigma \Psi \left(\frac{d^2\Psi}{dx^2} + \frac{d^2\Psi}{dy^2} + \frac{d^2\Psi}{dz^2}\right) \delta V,$

oder nach 115

121) $\qquad\qquad U = \tfrac{1}{2}\Sigma(\Psi e)\delta V.$

Es sollen sich nun im Felde zwei elektrisirte Körper befinden. Ψ_1 sei die durch den ersten bewirkte elektrische Spannung und e_1 die Dichte der Elektricität in einem Volumelemente desselben, so dass man hat:

122) $\qquad\qquad e_1 = \frac{1}{4\pi E^2} \left(\frac{d^2\Psi_1}{dx^2} + \frac{d^2\Psi_1}{dy^2} + \frac{d^2\Psi_1}{dz^2}\right).$

Ferner seien Ψ_2 und e_2 dieselben Grössen für den zweiten Körper. Dann ist die gesammte Spannung in irgend einem Punkte $\Psi_1 + \Psi_2$ und der Ausdruck für U wird

123) $\qquad U = \tfrac{1}{2}\Sigma(\Psi_1 e_1 + \Psi_2 e_2 + \Psi_1 e_2 + \Psi_2 e_1)\delta V.$

Es soll nun der erste Körper sich in irgend einer Weise bewegen, wobei sich seine elektrische Ladung mitbewegt. Dadurch wird der Werth von $\Psi_1 e_1$ nicht geändert werden, da sich auch die Vertheilung der Spannung Ψ_1 mit dem Körper mitbewegt.

Auch $\Psi_2 e_2$ ändert seinen Werth nicht, und *Green* hat gezeigt *), dass $\Psi_1 e_2 = \Psi_2 e_1$ ist, so dass die von dem bewegten Körper geleistete Arbeit

124) $\qquad\qquad W = \delta U = \delta\Sigma(\Psi_2 e_1)\delta V$

---

*) Essay on electricity p. 10. [Vergl. S. 31 und Anm. 31.]

ist. Wenn e_1 auf einen kleinen Körper beschränkt ist, so wird

$$W = e_1 \, \delta \, \Psi_2$$

oder

125) $$F \, dr = e_1 \frac{d \Psi_2}{dr} \, dr \, ,$$

wo dr der vom ersten Körper zurückgelegte Weg und F die Componente der ponderomotorischen Kraft in der diesem Wege entgegengesetzten Richtung ist.

Wenn auch der zweite Körper klein ist und r die Entfernung von demselben bezeichnet, so liefert die Gleichung 122:

126) $$\psi_2 = E^2 \frac{e_2}{r} \quad \text{[59]}$$

und die Substitution dieses Werthes in 125:

127) $$F = - E^2 \frac{e_1 e_2}{r^2} \, ,$$

d. h. die Kraft ist eine Abstossung, welche dem Quadrate der Entfernung verkehrt proportional ist.

Es seien nun η_1 und η_2 dieselben Elektricitätsmengen in statischem Maasse gemessen [60]. Dann muss vermöge der Definition des elektrostatischen Maasses

128) $$F = - \frac{\eta_1 \eta_2}{r^2}$$

sein, was erfüllt ist, sobald

129) $$\eta_1 = E e_1 \quad \text{und} \quad \eta_2 = E e_2$$

ist, so dass die früher in Satz XIII definirte Grösse E der Factor ist, mit welchem man die Zahl multipliciren muss, durch welche eine Elektricitätsmenge bei Anwendung des magnetischen Maasses ausgedrückt wird, um die Zahl zu erhalten, welche dieselbe Elektricitätsmenge elektrostatisch gemessen ausdrückt.

Derjenige elektrische Strom, welcher die Flächeneinheit umkreisend dieselbe Wirkung auf einen entfernten Magnet ausüben würde wie ein auf der Ebene des Stromes senkrechter Magnet vom magnetischen Momente 1, hat [elektromagnetisch gemessen] die Intensität 1 und E elektrostatisch gemessene Elektricitätseinheiten durchfliessen den Querschnitt

dieses Stromes in einer Secunde, wobei eine elektrostatisch
gemessene Elektricitätseinheit diejenige ist, welche eine gleiche
in der Distanz 1 mit der Kraft 1 abstösst. ˙Wir können ent-
weder 1. annehmen, dass E Einheiten positiver Elektricität in
der positiven Richtung, oder 2. dass E Einheiten negativer
Elektricität in der negativen Richtung, oder 3. dass gleichzeitig $\frac{1}{2}E$ Einheiten positiver Elektricität in der positiven und
$\frac{1}{2}E$ Einheiten negativer Elektricität in der negativen Richtung
in der Secunde durch jeden Querschnitt des Drahtes fliessen.

Von der letzteren Annahme gehen die Herren *Weber* und
Kohlrausch *) aus und finden

130) $\frac{1}{2}E = 155\,370\,000\,000$,

wobei der Millimeter die Längeneinheit und die Secunde die
Zeiteinheit ist. Hieraus folgt:

131) $E = 310\,740\,000\,000$.

Satz XVI. Bestimmung der Fortpflanzungsgeschwindigkeit der Transversalwellen in dem elastischen Medium, aus
dem die Zellen bestehen, unter der Voraussetzung, dass dessen
Elasticität lediglich von Centralkräften herrührt, welche zwischen Paaren materieller Punkte wirken.

Durch die gewöhnlichen Methoden der Elasticitätslehre
findet man für diese Fortpflanzungsgeschwindigkeit bekanntlich
den Werth:

132) $V = \sqrt{\dfrac{m}{\varrho}}$,

wobei m [wie in Satz XII] der Coefficient der Torsionselasti-
cität und ϱ die Dichte ist. Vergleichen wir die Formeln des
ersten Theiles, so sehen wir, dass, wenn ϱ die Dichte der
Substanz der Wirbel und μ der Coefficient der magnetischen
Induction ist, die Gleichung

133) $\mu = \pi \varrho$ [61)]

besteht, woraus folgt

134) $\pi m = V^2 \mu$,

---

*) Abhandlungen der Königl. Sächs. Gesellsch. d. Wissensch.
Bd. 3 (1857) S. 260.

oder nach Gleichung 108

135) $$E = V\sqrt{\mu}.$$

In Luft oder im leeren Raume ist $\mu = 1$; daher

136) $$V = E = 310\,740\,000\,000\ \frac{\text{mm}}{\text{sec.}}$$

$$= 193\,088\ \frac{\text{engl. Meilen}}{\text{sec.}}.$$

Die Geschwindigkeit des Lichtes ist nach den Messungen von *Fixeau* *) 70 843 französische Meilen, von denen 25 auf einen Grad kommen. Dies ergiebt:

137) $$V = 314\,858\,000\,000\ \frac{\text{mm}}{\text{sec.}} = 195\,647\ \frac{\text{engl. Meilen}}{\text{sec.}}.$$

Die Geschwindigkeit der Transversalschwingungen, welche sich für unser hypothetisches Medium aus den elektromagnetischen Experimenten von *Kohlrausch* und *Weber* ergiebt [62]), stimmt so genau mit der von *Fixeau* aus optischen Experimenten berechneten Geschwindigkeit des Lichtes, dass wir kaum den Gedanken zurückweisen können, dass das Licht aus Transversalschwingungen desselben Mediums besteht, welches auch die Ursache der elektrischen und magnetischen Erscheinungen ist.

Satz XVII. Berechnung der Capacität einer Leydenerflasche, welche aus zwei parallelen leitenden Flächen besteht, zwischen denen sich irgend ein gegebenes Dielektrikum befindet.

Es seien Ψ_1 und Ψ_2 die elektrischen Spannungen oder Potentiale auf den beiden Flächen, S der Flächeninhalt jeder derselben, θ deren Entfernung und e die Elektricitätsmenge auf der einen, $- e$ die auf der anderen der beiden Flächen; dann ist die Capacität

138) $$C = \frac{e}{\Psi_1 - \Psi_2}.$$

---

*) Comptes Rendus der Par. Akad. Bd. **29** (1849) p. 90. In dem Handbuche der Astronomie von *Galbraith* und *Haughton* wird die von *Fixeau* gefundene Lichtgeschwindigkeit als 169 944 geographische Meilen zu 1000 Faden angegeben, was 193 118 engl. Meilen giebt; der aus der Aberration des Lichtes abgeleitete Werth ist 192 000 engl. Meilen.

Der Differentialquotient von Ψ senkrecht zu den Flächen ist im Dielektrikum $\dfrac{\Psi_1 - \Psi_2}{\theta}$, jenseits jeder der Flächen aber gleich Null. Wenden wir daher die Formel 115 auf eine der Flächen an [63]), so ergiebt sich die Flächendichte der Electricität auf derselben gleich

$$139)\qquad \frac{\Psi_1 - \Psi_2}{4\,\pi\,E^2\,\theta}\ ,$$

für die Capacität des ganzen Apparates aber folgt der Werth

$$140)\qquad C = \frac{S}{4\,\pi\,E^2\,\theta}\ ,$$

so dass die Electricitätsmenge, welche nothwendig ist, um eine der Flächen zu einem gegebenen Potential zu laden, [während die andere mit der gleichen Menge entgegengesetzter Electricität geladen resp., wenn θ klein ist, mit der Erde verbunden gedacht wird,] dem Flächeninhalte der geladenen Fläche direct, der Dicke des Dielektrikums und dem Quadrate der Grösse E verkehrt proportional ist.

Nun ist der Inductionscoefficient D eines Dielektrikums [Dielektricitätsconstante] durch die Capacität eines daraus formirten Inductionsapparates [eines Condensators, dessen Zwischenschicht dieses Dielektrikum ist], definirt [nämlich durch das Verhältniss der Capacität desselben zu der eines gleich gestalteten Luftcondensators]. Es ist daher D der Grösse E^2 verkehrt proportional und für Luft $= 1$, woraus [nach Formel 135] folgt

$$141)\qquad D = \frac{V^2}{V_1^2\,\mu}\ ,$$

wobei V und V_1 die Lichtgeschwindigkeiten in Luft und in dem Dielektrikum sind. Nun ist aber der optische Brechungsexponent des Dielektrikums $i = \dfrac{V}{V_1}$, daher

$$142)\qquad D = \frac{i^2}{\mu}\ ,$$

so dass die inductive Capacität des Dielektrikums dem Quadrate des optischen Brechungsexponenten direct und der magnetischen inductiven Capacität verkehrt proportional ist.

In ponderabeln Substanzen können jedoch die optischen, elektrischen und magnetischen Erscheinungen durch die Theilchen der ponderablen Materie in verschiedenem Maasse beeinflusst werden; auch kann deren Gruppirung diese Erscheinungen in verschiedenen Richtungen verschieden modificiren. Die Axen der optischen, magnetischen und elektrischen Eigenschaften fallen vermuthlich zusammen, aber vermöge der unbekannten und wahrscheinlich complicirten Natur der Rückwirkung der ponderablen Theilchen auf den Aether ist es vielleicht unmöglich, irgend welche allgemeine numerische Beziehungen zwischen den Werthen der diesen Axen entsprechenden optischen, elektrischen und magnetischen Constanten zu finden.

Es scheint jedoch wahrscheinlich, dass der Werth von E, [also bei gleichem μ die reciproke Wurzel aus der Dielektricitätsconstante für Dielektrisirung in einer bestimmten Richtung], von der Geschwindigkeit des Lichtes abhängt, dessen Schwingungen dieser Richtung parallel, dessen Polarisationsebene also darauf senkrecht ist [64]).

In einem einaxigen Krystalle wird daher der Werth des E [also die reciproke Dielektricitätsconstante] für die Axe von der Fortpflanzungsgeschwindigkeit des ausserordentlichen Strahles, der in einer darauf senkrechten Richtung von der des ordentlichen Strahles abhängen. In positiven Krystallen wird der Werth des E in der Richtung der Axe am kleinsten, in negativen am grössten sein.

Der Werth von D, welcher der Grösse E^2 verkehrt proportional ist, wird unter sonst gleichen Umständen in positiven Krystallen für die Richtung der Axe, in negativen, wie dem isländischen Doppelspathe, in den darauf senkrechten Richtungen am grössten sein.

Wenn eine aus einem Krystalle geschliffene Kugel vom Radius a in einem elektrischen Felde von der Feldintensität I [um eine zu den Kraftlinien senkrechte Axe drehbar] aufgehängt ist; wenn ferner D_1 und D_2 die Coefficienten der dielektrischen Induction längs den zwei Hauptaxen sind, welche in der auf der Drehungsaxe der Kugel senkrechten Ebene liegen, und die Richtung, welcher der grössere dielektrische Inductionscoefficient D_1 entspricht, mit der Richtung der elektrischen Kraft den Winkel ϑ bildet, so ist das Moment, welches die Kugel zu drehen sucht,

143) $\dfrac{3}{2} \dfrac{D_1 - D_2}{(2\,D_1 + 1)(2\,D_2 + 1)}\, I^2 a^3 \sin 2\,\vartheta$ [65]),

und zwar sucht sich die Axe der grössten dielektrischen Induction den Kraftlinien parallel zu stellen.

4. Theil.

Anwendung der Theorie der Molekularwirbel auf die Wirkung des Magnetismus auf polarisirtes Licht.

Die Wechselbeziehung der Vertheilung der Linien der
magnetischen Kraft und der elektrischen Stromlinien kann
durch die Aussage vollständig beschrieben werden, dass die
Arbeit, welche geleistet wird, wenn die Einheit des Magnetismus in einer geschlossenen Curve herumgeführt wird, der
Quantität des elektrischen Stromes proportional ist, welcher
durch diese geschlossene Curve fliesst.   Die mathematische
Form dieses Gesetzes ist durch die Gleichungen 9) ausgedrückt,
welche hier wiederholt werden mögen, und in denen α, β, γ
die Componenten der magnetischen Intensität [Feldstärke],
p, q, r die des stationären elektrischen Stromes [der Strom-
dichte] sind:

9) $\begin{cases} p = \dfrac{1}{4\,\pi}\left(\dfrac{d\gamma}{dy} - \dfrac{d\beta}{dz}\right) \\[2mm] q = \dfrac{1}{4\,\pi}\left(\dfrac{d\alpha}{dz} - \dfrac{d\gamma}{dx}\right) \\[2mm] r = \dfrac{1}{4\,\pi}\left(\dfrac{d\beta}{dx} - \dfrac{d\alpha}{dy}\right). \end{cases}$

Dieselbe mathematische Beziehung wurde für eine Reihe von
anderen Erscheinungen in der physikalischen Wissenschaft
gefunden.

1. Wenn α, β, γ Verschiebungen, Geschwindigkeiten
oder Kräfte darstellen, so sind p, q, r die Componenten der
gesammten Winkeldrehung, der Winkelgeschwindigkeit oder
des Momentes des drehenden Kräftepaares in einem Volumelemente der Masse.

2. Wenn α, β, γ die Drehungen der Volumelemente
einer homogenen continuirlichen Substanz darstellen, so sind

p, q, r die relativen linearen Verschiebungen eines Theilchens relativ gegen diejenigen seiner unmittelbaren Nachbarschaft. (Vergl. die S. 6 citirte Abhandlung von Professor *William Thomson*.)

3. Sind α, β, γ die Drehungsgeschwindigkeiten von Wirbeln, deren Mittelpunkte unbeweglich sind, so stellen p, q, r die Geschwindigkeiten dar, mit denen sich bewegliche, zwischen ihnen rollende Frictionstheilchen fortbewegen. (Siehe den zweiten Theil der vorliegenden Abhandlung.)

Aus allen diesen Beispielen ist ersichtlich, dass die Beziehung zwischen Magnetismus und Elektricität dieselbe mathematische Form hat wie die zwischen gewissen Paaren von Erscheinungen, von denen die eine einen linearen, die andere einen rotatorischen Charakter hat. Professor *Challis* nimmt in der S. 5 citirten Abhandlung an, dass der Magnetismus durch Ströme eines Fluidums bedingt ist, deren Richtung der der Kraftlinien entspricht; nach dieser Theorie sind elektrische Ströme begleitet von oder bestehen geradezu aus einer drehenden Bewegung um die Richtung der elektrischen Ströme. Professor *Helmholtz* hat die Bewegung einer unzusammendrückbaren Flüssigkeit untersucht, in derselben Linien gezogen, welche in jedem Punkte mit der augenblicklichen Drehungsaxe des betreffenden Volumelementes der Flüssigkeit zusammenfallen (vergl. das Citat S. 53), und gezeigt, dass die Strömungslinien der Flüssigkeit nach denselben Gesetzen relativ gegen diese Wirbellinien angeordnet sind, wie die magnetischen Kraftlinien relativ gegen die elektrischen Strömungslinien. Andererseits betrachtete ich in dieser Abhandlung den Magnetismus als ein rotatorisches Phänomen, die elektrischen Ströme aber als eine lineare Fortbewegung von Theilchen, nahm also die entgegengesetzte Beziehung zwischen den beiden Gruppen von Erscheinungen an.

Nun scheint es natürlich, zu vermuthen, dass alle directen Wirkungen einer beliebigen Ursache, welche selbst longitudinalen Charakters ist, auch wieder longitudinal sein müssen, die einer rotatorischen Ursache aber rotatorisch. Eine fortschreitende Bewegung längs einer Geraden kann niemals eine Drehung um diese Gerade als Axe erzeugen ohne irgend einen besonderen Mechanismus, wie den einer Schraube, welcher die Bewegung in einer bestimmten Richtung der Drehung in einem bestimmten Sinne [und die in der entgegengesetzten Richtung der Drehung im entgegengesetzten Sinne] zuordnet.

Umgekehrt kann eine Drehung, obwohl sie eine Spannung längs der Drehungsaxe erzeugt, für sich allein nicht bewirken, dass ein Strom längs der Drehungsaxe eher in dem einen als in dem anderen Sinne fliesst [66]).

Es ist bekannt, dass elektrische Ströme Fortbewegungen in der Stromrichtung bewirken. Sie übertragen elektrische Ladungen von einem Körper zum anderen und bewegen auch die Ionen der Elektrolyte in entgegengesetzten Richtungen, aber sie bewirken keine Drehung der Polarisationsebene des Lichtes, wenn dieses sich in der Richtung der Stromlinien fortpflanzt*). Andererseits ist der magnetische Zustand durch keine im eigentlichen Sinne des Wortes longitudinale Erscheinung charakterisirt. Der Nord- und Südpol unterscheiden sich nur durch ihre Namen, welche ohne Veränderung des sonstigen Wortlautes der Gesetze sämmtlicher magnetischer Erscheinungen vertauscht werden können. Der positive und negative Pol einer Batterie aber sind materiell unterscheidbar durch die verschiedenen chemischen Elemente des Wassers, welche sich an jedem derselben entwickeln. Hinwiederum ist der magnetische Zustand durch eine von *Faraday* entdeckte ausgesprochen rotatorische Erscheinung**) charakterisirt, nämlich die Drehung der Polarisationsebene von polarisirtem Lichte, welches sich längs der Kraftlinien fortpflanzt.

Wenn sich ein Strahl linear polarisirten Lichtes in einer Substanz fortpflanzt, welche sich in einem durch die Wirkung von Magneten oder elektrischen Strömen erzeugten Magnetfelde befindet, so findet man die Polarisationsebene nach dem Durchgange durch die Substanz um einen Winkel gedreht, welcher von der Intensität der magnetischen Kraft in der Substanz abhängt.

Der Sinn dieser Drehung ist in diamagnetischen Substanzen derselbe wie der, in welchem positive Elektricität die Substanz umkreisen muss, um darin die thatsächlich wirkende magnetische Kraft zu erzeugen. Mit anderen Worten, wenn die Horizontalcomponente des Erdmagnetismus die auf die Substanz wirkende magnetische Kraft wäre, so würde die Polarisationsebene in der Richtung der wirklichen Erdrotation, d. h. also von West über aufwärts nach Osten gedreht.

---

*) *Faraday*, »Experimentaluntersuchungen« 951—954 und 2216 —2220.

**) Ibid., Series XIX.

Für paramagnetische Substanzen wird, wie *Verdet*[*]) fand, die Polarisationsebene in der entgegengesetzten Richtung gedreht, d. h. in der Richtung, in welcher negative Elektricität eine die Substanz umschliessende Spirale durchfliessen müsste, um darin eine gleichgerichtete Magnetisirung zu erzeugen [67]).

In beiden Fällen ist der absolute Sinn der Drehung derselbe, ob sich das Licht von Norden gegen Süden oder in der umgekehrten Richtung fortpflanzt, eine Thatsache, welche einen wesentlichen Unterschied zwischen dieser Erscheinung und der Drehung der Polarisationsebene durch Quarz, Terpentinöl etc. bildet, wo sich der Drehungssinn umkehrt, wenn der der Fortpflanzung des Lichtes umgekehrt wird. Im letzteren Falle existirt, ob die Drehung wie im Quarze an eine bestimmte Axe geknüpft ist oder ob dies wie in Flüssigkeiten nicht der Fall ist, ein Zusammenhang zwischen der Fortpflanzungsrichtung des Strahles und dem Drehungssinne der Polarisationsebene, welcher sich in derselben Form ausdrückt wie der zwischen der fortschreitenden Bewegung und der Drehung einer Rechtsschraube oder Linksschraube; derselbe weist auf irgend eine Eigenschaft der Substanz hin, zu deren mathematischem Ausdrucke Rechtsschrauben- oder Linksschraubenbeziehungen erforderlich sind, [d. h. Beziehungen zwischen dem Sinne einer geradlinigen Fortbewegung und einer Drehung], wie dieselben bekanntlich schon in der äusseren Form der Krystalle zur Erscheinung kommen, welche diese Eigenschaften haben. Bei der magnetischen Drehung der Polarisationsebene existiren solche Beziehungen nicht. Der Sinn der Drehung ist vielmehr direct mit dem der magnetischen Kraftlinien in einer Weise verbunden, welche anzuzeigen scheint, dass der Magnetismus thatsächlich eine Drehungserscheinung ist.

Die Fortbewegung der Ionen durch den elektrischen Strom in bestimmt gegebenen Richtungen und die Drehung der Polarisationsebene des Lichtes durch die magnetische Kraft in einem bestimmt gegebenen Sinne sind die Thatsachen, deren Erwägung mich veranlasst hat, den Magnetismus als eine Drehungserscheinung, die elektrischen Ströme aber als Fortbewegungserscheinung aufzufassen, anstatt der von *Helmholtz* ausgeführten Analogie zu folgen oder die vom Professor *Challis* vorgeschlagene Theorie anzunehmen.

---

[*]) Comptes Rendus vol. **43** p. 529, vol. **44** p. 1209.

Die Theorie, dass elektrische Ströme lineare, magnetische
Kräfte aber Drehungserscheinungen seien, ist in dieser Beziehung mit denen *Ampère's* und *Weber's* in Uebereinstimmung,
und die Annahme, dass die magnetischen Drehungen überall
existiren, wohin sich die magnetische Kraft erstreckt, und
dass man sich durch die Centrifugalkraft dieser Drehungen
von den magnetischen Fernwirkungen und durch die Trägheit
der betreffenden Wirbel von den Inductionsströmen Rechenschaft geben könne, wird durch die Autorität Prof. *William
Thomson's* gestützt *). In der That bot sich mir die Idee der
in dieser Abhandlung entwickelten Theorie der Molekularwirbel
durch genaue Verfolgung des Weges, auf dem jene Forscher die
elektromagnetischen Erscheinungen zu erklären suchen, welche
dieselben der Wirkung eines Mediums zuschreiben.

Professor *Thomson* hat gezeigt, dass die Ursache der
Wirkung des Magnetismus auf das polarisirte Licht in einer
wirklichen, im Magnetfeld vor sich gehenden drehenden Bewegung liegen muss. Ein rechts circular polarisirter Lichtstrahl wandert, wie das Experiment zeigt, längs einer Kraftlinie von Nord nach Süd mit einer anderen Geschwindigkeit
als von Süd nach Nord. Von welcher Theorie über die
Schwingungsrichtung im linear polarisirten Lichte wir aber
nun immer ausgehen mögen, jedenfalls ist die geometrische
Anordnung der Theilchen des Mediums, durch welches sich
der rechts circular polarisirte Lichtstrahl fortpflanzt, genau
dieselbe, ob sich der Strahl von Nord nach Süd oder umgekehrt fortpflanzen mag. Der einzige Unterschied ist der,
dass die Theilchen ihre Kreise im entgegengesetzten Sinne
durchlaufen. Da nun die Configuration in den beiden Fällen
dieselbe ist, so müssen auch die Kräfte zwischen den Theilchen dieselben sein, und die durch diese Kräfte bewirkte
Fortpflanzungsgeschwindigkeit muss ebenfalls dieselbe sein,
wenn das Medium sich ursprünglich in Ruhe befand. Wenn
sich aber das Medium bereits in einem Zustande der Drehung
befand, sei es als Ganzes oder sei es, dass dessen Volumelemente Molekularwirbel enthalten, so kann die Fortpflanzungsgeschwindigkeit des circular polarisirten Lichtstrahles verschieden sein, je nachdem sein Drehungssinn mit der im Medium

---

*) Siehe *Nichol's* Encyclopaedie art. »Magnetism, Dynamical
Relations of«, edition 1860. Proceedings of Royal Society, June
1856 and June 1861; Phil. Mag. 4. ser. vol. 13, p. 198, März 1857.

bereits vorhandenen Drehung übereinstimmt, oder ihr entgegengesetzt ist.

Wir haben nun zu untersuchen, ob die in dieser Abhandlung entwickelte Hypothese, dass die magnetische Kraft durch die Centrifugalkraft kleiner Wirbel bewirkt wird und dass diese Wirbel aus derselben Substanz bestehen, deren Schwingungen auch die Lichterscheinungen bilden, zu irgend welchen Schlüssen auf die Wirkung des Magnetismus auf polarisirtes Licht führt. Wir setzen voraus, dass sich transversale Schwingungen durch ein magnetisirtes Medium fortpflanzen, und fragen uns, wie die Fortpflanzungsgeschwindigkeit dieser Schwingungen durch den Umstand afficirt wird, dass die Volumtheile dieses Mediums Wirbel enthalten [68]).

Aus der folgenden Untersuchung ergiebt sich, dass die einzige Wirkung, welche die Rotation der Volumtheile auf das Licht ausübt, darin besteht, dass dessen Polarisationsebene im selben Sinne, in welchem sich die Wirbel drehen, um einen Winkel gedreht wird, welcher proportional ist:

(A) der Dicke der Substanz;

(B) der in die Richtung des Strahles fallenden Componente der magnetischen Kraft [Feldintensität];

(C) dem Brechungsquotienten des Strahles;

(D) verkehrt dem Quadrate der Wellenlänge in Luft;

(E) [direct] dem mittleren Radius eines Wirbels und

(F) der Capacität für magnetische Induction.

A und B wurden vollständig von *Verdet* *) bestätigt, welcher gezeigt hat, dass die Drehung der Schichtdicke und der magnetischen Kraft genau proportional ist, und wenn der Lichtstrahl gegen die magnetische Kraft geneigt ist, im Verhältniss des Cosinus dieses Neigungswinkels zur Einheit abnimmt. D wurde oft für die richtige Beziehung zwischen der Drehung der Lichtstrahlen und der Wellenlänge gehalten; aber es ist wahrscheinlich, dass C mit berücksichtigt werden muss, um diese Beziehung vollkommen exact zu erhalten. Jedenfalls ändert sich die Drehung nicht genau verkehrt proportional dem Quadrate der Wellenlänge, sondern etwas rascher, so dass für die brechbarsten Strahlen die Drehung grösser ist, als sie durch die einfache verkehrte Proportionalität mit dem Quadrate der Wellenlänge gegeben würde, und mit grösserer Annäherung

---

*) Annales de Chimie et de Physique. sér. 3, vol. **41**, p. 370; vol. **43** p. 37.

dem Quotienten des Quadrats der Wellenlänge in den Brechungsexponenten proportional ist.

Die Beziehung E zwischen der Drehung der Polarisationsebene und der Grösse der Molekularwirbel zeigt, dass sich
verschiedene Substanzen in Bezug auf ihr Drehungsvermögen
unabhängig von jedem anderen beobachtbaren Unterschiede verschieden verhalten können. Wir wissen nichts über die absolute
Grösse der Wirbel und nach unserer Hypothese sind wahrscheinlich die optischen Phänomene die einzigen Daten, aus denen
deren relative Grösse in verschiedenen Substanzen abgeleitet
werden kann. Nach unserer Theorie hängt die Drehung der
Polarisationsebene von dem mittleren Moment der Momente oder
Winkelmoment der Wirbel ab[69]. Da nun *Verdet* gefunden
hat, dass magnetische Substanzen auf das Licht den entgegengesetzten Effect haben als diamagnetische, so folgt, dass die
Molekularwirbel in beiden Klassen von Substanzen den entgegengesetzten Rotationssinn haben müssen.

Wir können [auf diese Erfahrung hin] die diamagnetischen
Körper nicht mehr als solche betrachten, in denen der magnetische Inductionscoefficient kleiner ist als in dem von ponderabler Materie leeren Raume. Wir müssen vielmehr annehmen,
dass sich diamagnetische Substanzen in einem Zustande befinden, welcher dem der paramagnetischen entgegengesetzt ist,
und dass die Wirbel oder wenigstens die ausschlaggebende
Majorität derselben in diamagnetischen Substanzen in dem
Sinne rotiren, in welchem die positive Elektricität die Magne-
tisirungsspirale durchfliesst, während sie in paramagnetischen
Substanzen sich im entgegengesetzten Sinne drehen.

Dieses Resultat stimmt auch mit der *Weber'*schen Theorie*),
insofern sich diese auf den paramagnetischen und diamagnetischen Zustand bezieht. *Weber* setzt voraus, dass die Elektricität [in den Molekularströmen] bei paramagnetischen Körpern
in demselben Sinne wie in der umgebenden Spule, bei diamagnetischen aber im entgegengesetzten Sinne herumfliesst.
Wenn wir also negative oder Harzelektricität als eine Substanz betrachten, deren Mangel die positive oder die Glaselektricität bedingt, so stimmt das Resultat mit dem erfahrungsmässig beobachteten[70]. Dies gilt unabhängig von irgend einer
sonstigen Hypothese ausser der *Weber'*schen über den Magne-

---

*) *Taylor'*s Scientific Memoirs, vol. 5 p. 477. El. dyn. Maass-
bestimm. 3. S. 545.

tismus und Diamagnetismus. Es gilt also, sowohl wenn wir *Weber*'s Theorie über die Abhängigkeit der Fernwirkung der elektrischen Theilchen von ihrem Bewegungszustande, als auch wenn wir unsere Theorie von den Zellen und Zellwänden annehmen.

Ich bin geneigt zu glauben, dass Eisen sich von den übrigen Substanzen ebenso in der Art seiner Wirkung wie in der Intensität seines Magnetismus unterscheidet, und ich glaube, dass sich sein Verhalten nach unserer Hypothese der Molekularwirbel erklären lässt, wenn man voraussetzt, dass die Moleküle des Eisens selbst durch die tangentiale Wirkung der Wirbel in dem entgegengesetzten Sinne wie diese in Drehung versetzt werden. Diese grossen, schweren Theilchen würden sich dann genau so drehen, wie sich nach unserer Voraussetzung die weit kleineren Frictionstheilchen, welche die Elektricität bilden, drehen, aber ohne dass sie, wie die letzteren, fähig sind, ihren Platz zu wechseln, [fortzuwandern] und Ströme zu bilden.

Die ganze Energie der Drehung im Magnetfelde wird in dieser Weise ausserordentlich vermehrt, wie dies erfahrungsmässig im Eisen stattfindet, aber das Drehungsmoment der Eisenmoleküle ist dem der Aetherzellen entgegengesetzt und bedeutend grösser, so dass das gesammte Drehungsmoment der Substanz den Sinn der Drehung der Eisenmoleküle, also den der Drehung der Wirbel entgegengesetzten hat[71]). Obwohl daher das Drehungsmoment von der absoluten Grösse der rotirenden Partien der Substanz abhängt, so kann es doch ausser von der Natur der einfachen Bestandtheile der Substanz auch von der Art der Aggregation und chemischen Gruppirung derselben abhängen. Andere Naturerscheinungen scheinen zur Schlussfolgerung zu führen, dass alle Substanzen aus einer endlichen Zahl von Theilen von endlicher Grösse aufgebaut sind, und dass die jene Theile zusammensetzenden kleineren Theilchen selbst einer inneren Bewegung fähig sind, [einer relativen Bewegung gegen einander im Innern der grösseren Theile.]

Satz XVIII. Berechnung des Winkelmomentes eines Wirbels.

Das Winkelmoment irgend eines materiellen Systems um eine Axe ist die Summe der Producte der Masse dm jedes Theilchens in die doppelte Fläche, welche dasselbe in der Zeiteinheit um diese Axe beschreibt[72]); d. h. das Winkelmoment A um die x-Axe ist durch den Ausdruck gegeben:

$$A = \Sigma\, dm\left(y\frac{dz}{dt} - z\frac{dy}{dt}\right).$$

Da wir die Vertheilung der Dichte innerhalb des Wirbels nicht kennen, so können wir nur die Beziehung zwischen dem Winkelmomente und der im Satze VI gefundenen lebendigen Kraft des Wirbels bestimmen. Da die Dauer einer Umdrehung innerhalb des ganzen Wirbels dieselbe ist, so ist die mittlere Winkelgeschwindigkeit ω im ganzen Wirbel überall dieselbe und gleich $\frac{\alpha}{r}$, wo α die Geschwindigkeit am Umfange und r der Radius ist.   Daher ist:

$$A = \Sigma\, dm\, r^2\, \omega.$$

Die durch die Componente der Drehung um eine der x-Axe parallele Axe bedingte lebendige Kraft aber ist

$$E = \tfrac{1}{2}\Sigma\, dm\, r^2\, \omega^2 = \tfrac{1}{2} A\, \omega.$$

In Satz VI aber fanden wir

$$E = \frac{1}{8\pi}\mu\, \alpha^2\, V,$$

woraus für die x-Axe folgt:

144) $$A = \frac{1}{4\pi}\mu\, r\, \alpha\, V.$$

Analoge Ausdrücke gelten für die anderen Coordinatenaxen. V ist hierbei das Volumen und r der Radius eines Wirbels.

Satz XIX.   Ableitung der Gleichungen für diejenige Wellenbewegung in einem Wirbel enthaltenden Medium, bei welcher die Schwingungen senkrecht auf der Fortpflanzungsrichtung stehen.

Wir wollen Planwellen betrachten, welche sich in der z-Richtung fortpflanzen.   Die Richtungen der grössten und kleinsten Elasticität in der darauf senkrechten Ebene sollen als x- resp. y-Axe gewählt werden; x und y sollen die Verschiebungen [eines Theilchens des Mediums] parallel den letzteren Axen sein, welche für die gesammte [ebene] Wellenfläche dieselben Werthe haben, so dass x und y nur Functionen von z und t sind.

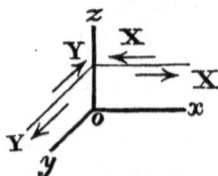

Fig. 12.

Ferner sei X die in der Abscissenrichtung auf ein der xy-Ebene paralleles Flächenelement wirkende elastische Kraft, bezogen auf die Flächeneinheit, Y die entsprechende, in der y-Richtung wirkende tangentiale elastische Kraft; k_1 und k_2 seien die Elasticitätscoefficienten bezüglich dieser beiden elastischen Kräfte. Dann hat man, wenn das Medium ruht:

$$X = k_1 \frac{dx}{dz}, \qquad Y = k_2 \frac{dy}{dz} \; ^{73)}.$$

Nun setzen wir voraus, dass in dem Medium Wirbel vorhanden sind, deren Drehungsrichtung und Geschwindigkeit wir in der bisherigen Weise durch die Symbole α, β, γ bezeichnen. $\frac{d\alpha}{dt}$ sei der Differentialquotient nach der Zeit, welcher durch die Wirkung der tangentialen elastischen Kräfte allein hervorgebracht werden soll, da elektromotorische Kräfte im Felde nicht vorhanden sein sollen. Der Differentialquotient des Winkelmomentes einer über der Flächeneinheit aufstehenden Schicht von der Dicke dz nach der Zeit ist daher

[144a]
$$\frac{1}{4\pi} \mu r \frac{d\alpha}{dt} dz \,.$$

Wenn ferner derjenige Theil der Kraft Y, welcher diesen Zuwachs des Flächenmomentes bewirkt, Y' ist, so ist das Moment von Y' gleich $- Y' dz$, so dass also

$$Y' = - \frac{1}{4\pi} \mu r \frac{d\alpha}{dt}$$

ist.

Der vollständige Werth von $\dot{Y}$ ist, wenn sich die Wirbel mit dem Medium mitbewegen,

145) $\left\{ \begin{array}{l} \quad Y = k_2 \dfrac{dy}{dz} - \dfrac{1}{4\pi} \mu r \dfrac{d\alpha}{dt} \,. \\[2mm] \text{Unter gleichen Bedingungen ist} \\[2mm] \quad X = k_1 \dfrac{dx}{dz} + \dfrac{1}{4\pi} \mu r \dfrac{d\beta}{dt} \; ^{74)}. \end{array} \right.$

Die gesammte Kraft, welche auf eine über der Flächeneinheit aufstehende Schicht von der Dicke dz wirkt, hat in der Abscissenrichtung die Componente $\dfrac{dX}{dz} dz$, in der y-Richtung aber die Componente $\dfrac{dY}{dz}dz$. Die Masse dieser Schicht ist

$\varrho\,dz$, so dass man für dieselbe folgende Bewegungsgleichung
erhält:

146) $\quad\begin{cases}\varrho\,\dfrac{d^2x}{dt^2}=\dfrac{dX}{dz}=k_1\dfrac{d^2x}{dz^2}+\dfrac{d}{dz}\left(\dfrac{1}{4\pi}\mu r\dfrac{d\beta}{dt}\right),\\[3mm]\varrho\,\dfrac{d^2y}{dt^2}=\dfrac{dY}{dz}=k_2\dfrac{d^2y}{dz^2}-\dfrac{d}{dz}\left(\dfrac{1}{4\pi}\mu r\dfrac{d\alpha}{dt}\right).\end{cases}$

Nun werden aber die durch die Differentialquotienten $\dfrac{d\alpha}{dt}$

und $\dfrac{d\beta}{dt}$ dargestellten Aenderungen der Geschwindigkeit der
Wirbel dadurch bewirkt, dass sich jedes Volumelement des die
Wirbel enthaltenden Mediums dreht und deformirt. Wir müssen
also, um diese Grössen durch die Bewegung des Mediums aus-
zudrücken, auf Satz X zurückgreifen.

Die schon dort mit (68) bezeichnete Gleichung lautet:

68) $\qquad \delta\alpha=\alpha\dfrac{d}{dx}\delta x+\beta\dfrac{d}{dy}\delta x+\gamma\dfrac{d}{dz}\delta x$ [75].

Da δx und δy nur Functionen von z und t sind, so können
wir diese Gleichung in der Form schreiben:

147) $\quad\begin{cases}\dfrac{d\alpha}{dt}=\gamma\dfrac{d^2x}{dz\,dt},\\[3mm]\text{und in gleicher Weise erhalten wir:}\\[2mm]\dfrac{d\beta}{dt}=\gamma\dfrac{d^2y}{dz\,dt}.\end{cases}$

Wenn wir daher

$$k_1=a^2\varrho\,,\quad k_2=b^2\varrho\,,\quad \dfrac{1}{4\pi}\dfrac{\mu r}{\varrho}\gamma=c^2$$

setzen, so können wir die Bewegungsgleichungen 146 in der
Form schreiben:

148) $\quad\begin{cases}\dfrac{d^2x}{dt^2}=a^2\dfrac{d^2x}{dz^2}+c^2\dfrac{d^3y}{dz^2\,dt},\\[3mm]\dfrac{d^2y}{dt^2}=b^2\dfrac{d^2y}{dz^2}-c^2\dfrac{d^3x}{dz^2\,dt}.\end{cases}$

Diese Gleichungen werden durch die Werthe

149)
$$\begin{cases} x = A \cos{(nt - mz + \alpha)}, \\ y = B \sin{(nt - mz + \alpha)} \end{cases}$$

erfüllt, wenn

150)
$$\begin{cases} (n^2 - m^2 a^2)\, A = m^2 n c^2 B, \\ (n^2 - m^2 b^2)\, B = m^2 n c^2 A \end{cases}$$

ist. Indem wir die beiden letzten Gleichungen mit einander multipliciren, finden wir:

151)
$$(n^2 - m^2 a^2)(n^2 - m^2 b^2) = m^4 n^2 c^4,$$

was nach m^2 eine quadratische Gleichung ist, welche die Wurzeln hat:

152)
$$m^2 = \frac{2 n^2}{a^2 + b^2 \mp V (a^2 - b^2)^2 + 4 n^2 c^4}.$$

Die Substitution jedes dieser Werthe in eine der Gleichungen 150 liefert ein Verhältniss von A und B:

[152a]
$$\frac{A}{B} = \frac{a^2 - b^2 \mp V (a^2 - b^2)^2 + 4 n^2 c^4}{2 n c^2}.$$

Setzt man einen der Werthe von m in die Gleichungen 149 ein und ertheilt auch dem Verhältnisse von $A : B$ den zugehörigen, aus der Gleichung 152a folgenden Werth, so erhält man Ausdrücke von x und y, welche für beliebige Werthe von A, n und α die Bewegungsgleichungen 148 des Mediums befriedigen. Die allgemeinste Schwingung [von gegebener Schwingungsdauer] in einem derartigen Medium ist also aus zwei elliptischen Schwingungen von verschiedener Excentricität zusammengesetzt, welche sich mit verschiedenen Geschwindigkeiten fortpflanzen und in denen die Theilchen im entgegengesetzten Sinne umlaufen. Das Resultat wird in dem Falle, dass $a = b$ ist, übersichtlicher. Dann wird:

153)
$$m^2 = a^2 \cdot \frac{n^2}{\mp n c^2} \quad \text{und} \quad A = \mp B.$$

Setzen wir für beide Schwingungen $A = 1$, so ergiebt sich:

$$154) \begin{cases} x = \cos\left(nt - \dfrac{nz}{\sqrt{a^2 - nc^2}}\right) + \cos\left(nt - \dfrac{nz}{\sqrt{a^2 + nc^2}}\right), \\ y = -\sin\left(nt - \dfrac{nz}{a^2 - nc^2}\right) + \sin\left(nt - \dfrac{nz}{\sqrt{a^2 + nc^2}}\right). \end{cases}$$

Die ersten Glieder der rechten Seiten dieser Gleichungen
stellen eine Schwingung in kreisförmiger Bahn im negativen
Sinne, die beiden letzteren aber eine gleiche Schwingung im
positiven Sinne dar; letztere hat eine grössere Fortpflanzungsgeschwindigkeit als erstere.   Ziehen wir in jeder Gleichung
die beiden Glieder rechts zusammen, so wird

$$155) \begin{cases} x = 2\cos(nt - pz)\cos qz, \\ y = 2\cos(nt - pz)\sin qz, \end{cases}$$

worin

$$156) \begin{cases} p = \dfrac{n}{2\sqrt{a^2 - nc^2}} + \dfrac{n}{2\sqrt{a^2 + nc^2}}, \\ q = \dfrac{n}{2\sqrt{a^2 - nc^2}} - \dfrac{n}{2\sqrt{a^2 + nc^2}} \end{cases}$$

ist.

Dies sind die Gleichungen für eine geradlinige Schwingung,
deren Schwingungsdauer $\dfrac{2\pi}{n}$, deren Wellenlänge aber $\lambda = \dfrac{2\pi}{p}$
ist und welche sich in der positiven z-Richtung mit der
Geschwindigkeit $v = \dfrac{n}{p}$ fortpflanzt, während sich die Ebene
der Schwingung um die z-Axe im positiven Sinne mit solcher
Geschwindigkeit gleichförmig dreht, dass sie für $z = \dfrac{2\pi}{q}$ eine
volle Umdrehung gemacht hat.

Wenn wir noch voraussetzen, dass c^2 klein ist, so können
wir schreiben:

$$157) \qquad p = \dfrac{n}{a}, \qquad q = \dfrac{n^2 c^2}{2 a^3}.$$

Setzen wir für c^2 seinen Werth $\dfrac{r\mu\gamma}{4\pi\varrho}$, so finden wir:

158)
$$q = \frac{\pi}{2} \frac{r}{\varrho} \frac{\mu \gamma}{\lambda^2 v}.$$

Hier ist r, der Radius der Wirbel, eine unbekannte Grösse. ϱ, die Dichte des Lichtäthers in dem Körper, ist ebenfalls unbekannt. Wenn wir aber die *Fresnel*'sche Theorie acceptiren und mit s die Dichte des Lichtäthers bei Abwesenheit ponderabler Materie bezeichnen, so ist

159)
$$\varrho = s i^2,$$

wobei i der Brechungsindex ist. Nach der Theorie von *MacCullagh* und *Neumann* dagegen ist für alle Körper

160)
$$\varrho = s.$$

μ ist der Coefficient der magnetischen Induction, welcher im luftleeren Raume oder in Luft den Werth 1 hat, γ ist die Geschwindigkeit der Wirbel an ihrem Umfange in den gewöhnlichen Einheiten gemessen. Der Werth von γ ist unbekannt, aber der Feldintensität proportional. Wenn Z die in demselben Maasse, in dem der Erdmagnetismus gemessen wird, [in magnetischem Maasse] gemessene Feldintensität ist, so ist in Luft die innere Energie der Volumeneinheit

$$\frac{1}{8\pi} Z^2 = \frac{\pi s \gamma^2}{8\pi},$$

wobei s die Dichte des magnetischen Mediums in Luft ist. Da, wie wir sahen, Gründe dafür sprechen, dass dieselbe gleich der des Lichtäthers ist, so wollen wir setzen:

161)
$$\gamma = \frac{1}{\sqrt{\pi s}} Z \; *).$$

λ ist die Wellenlänge in der Substanz. Wenn daher $\varLambda$ die Wellenlänge desselben Strahles in der Luft und i der Brechungsexponent des Körpers für diesen Strahl ist, so hat man

162)
$$\lambda = \frac{\varLambda}{i}.$$

Ebenso hat man, wenn v die Lichtgeschwindigkeit in der Substanz, V die in Luft ist, die Gleichung

---

*) [Vergl. Schluss der Anm. 17.]

163)
$$v = \frac{V}{i} \, .$$

Der Winkel, um welchen die Polarisationsebene in einer Schicht der Substanz von der Dicke z gedreht wird, ist in Graden gemessen:

164)
$$\Theta = \frac{180^{\circ}}{\pi} \, qz \, ,$$

wofür wir nach dem früher Gefundenen erhalten:

165)
$$\Theta = 90^{\circ} \frac{1}{\sqrt{\pi}} \frac{r}{s^{\frac{3}{2}}} \frac{\mu i Z z}{A^{2} V} \, .$$

In diesem Ausdrucke können alle Grössen durch das Experiment bestimmt werden mit Ausnahme des Radius r der im Körper vorhandenen Wirbel und der Dichte s des Licht- äthers in Luft[76]).

Die Experimente von *M. Verdet**) liefern alles, was zur Berechnung erforderlich ist, mit Ausnahme der Bestimmung von Z in absolutem Maasse.   Auch diese wäre für alle seine Experimente ausgeführt, wenn die Galvanometerablenkung für eine Drehung seiner Probespule um 180° in einem bekannten Magnetfelde, wie das des Erdmagnetismus in Paris, ein für alle Mal bestimmt worden wäre.

---

*) Vergl. das Citat auf S. 75.

Anmerkungen.

Die hier übersetzte, in den Jahren 1861 und 62 publicirte zusammenhängende Reihe von Abhandlungen enthält die Gesammtheit der *Maxwell*'schen Gleichungen für den Elektromagnetismus einschliesslich der Gleichungen für bewegte Körper. Bald hätte ich gesagt, dass die Nachfolger *Maxwell*'s an diesen Gleichungen nichts geändert hätten als die Buchstaben. Das wäre wohl übertrieben; aber gewiss wird man sich nicht darüber wundern, dass diesen Gleichungen überhaupt noch etwas beigefügt werden konnte, sondern vielmehr darüber, wie wenig ihnen beigefügt wurde. Ja man wird finden, dass manche der (um mit *Hertz* zu sprechen) rudimentären, dem consequenten Baue hinderlichen Begriffe hier fehlen und von *Maxwell* erst im Treatise behufs Anknüpfung seiner Theorie an die alten Vorstellungen eingeführt wurden.

Die Umwälzung, welche diese *Maxwell*'schen Gleichungen nicht nur in der ganzen Elektricitätslehre und Optik, sondern auch in unseren Anschauungen von dem Wesen und der Aufgabe einer physikalischen Theorie überhaupt hervorgerufen haben*), ist zu bekannt, als dass es nothwendig wäre, sie zu schildern. Die Resultate des hier übersetzten Abhandlungencyklus müssen also den wichtigsten Errungenschaften der physikalischen Theorie beigezählt werden.

In sonderbarem Gegensatze hierzu steht es, dass die ziemlich complicirten und von *Maxwell* oft mehr angedeuteten als strenge durchgerechneten mechanischen Probleme, welche den Hauptinhalt dieses Abhandlungencyklus bilden, (in Deutschland wenigstens) selbst von den berufensten Verfechtern der *Maxwell*'schen Theorie wenig beachtet wurden. Wie könnte sonst selbst *Hertz* behaupten, dass *Maxwell* bei Begründung

---

*) Auf die erkenntnisstheoretische Bedeutung seiner Untersuchung spielt *Maxwell* selbst S. 52 und 53 an.

seiner Theorie von der Annahme unvermittelter Fernkräfte
ausgehe, die doch hier so schroff abgewiesen und erst im
Treatise mitbehandelt werden? Auch die Gleichungen, welche
Maxwell hier für die elektromagnetische Wirkung in bewegten
Medien aufstellt, hat *Hertz* anfangs übersehen. (Vergl. Anm. 35
zu Nr. 14 S. 262 in *Hertz'* Buch über die Ausbreitung der
elektrischen Kraft.)

Niemand wird den Beweis der Richtigkeit der *Maxwell'*-
schen Gleichungen in den mechanischen Vorstellungen dieses
Abhandlungencyklus erblicken oder heute einer Ableitung der
*Maxwell'*schen Gleichungen aus diesen mechanischen Vorstellungen den Vorzug vor der von *Maxwell* selbst später
gelehrten Ableitung derselben aus allgemeineren mechanischen
Ideen, oder vor der Methode *Hertz'* geben, welcher die
Gleichungen gar nicht ableitet, sondern bloss als phänomeno-
logische Beschreibungen der Thatsachen betrachtet. Die Ent-
deckung aber erfolgte mittelst der mechanischen Vorstellungen.
Bei Gelegenheit seines Bestrebens, mittelst mechanischer Modelle
die Möglichkeit einer Erklärung der elektromagnetischen Erscheinungen durch Nahewirkungen zu erweisen, fand *Maxwell*
seine Gleichungen, und diese wiesen erst den Weg zu den
Experimenten, welche definitiv für die Nahewirkung entschie-
den und heute das einfachste und sicherste Fundament der
auf anderem Wege gefundenen Gleichungen bilden. Daher
scheint mir dieser Abhandlungencyklus, wo *Maxwell* zum ersten
Male zu seinen Gleichungen gelangte, zu dem Interessantesten
zu gehören, was die Geschichte der Physik bietet, und zwar
gerade durch seine Originalität, durch die Verschiedenheit
seiner Methode von den früher üblichen und später in Gebrauch gekommenen, sowie durch die schlichte Einfachheit,
mit welcher *Maxwell* schildert, wie er mühsam stufenweise
vordrang und zur abstractesten und eigenartigsten Theorie,
welche die Physik kennt, durch ganz specielle concrete Vorstellungen gelangte, die an triviale Aufgaben der gewöhnlichen Mechanik anknüpfen.

Die Schwierigkeiten in der Uebersetzung der termini
technici waren geringer als bei der Uebersetzung der ersten
Abhandlung *Maxwell's* über Elektromagnetismus (Klass. Nr. 69),
da hier *Maxwell* schon mehr zur jetzt üblichen Bezeichnungs-
weise übergeht. Die Uebersetzung derjenigen Ausdrücke,
welche *Maxwell* aus der ersten Abhandlung herübernimmt,
blieb natürlich die gleiche wie dort. Einige ganz kurze

Anmerkungen, die mir doch die Deutlichkeit zu fördern schienen, habe ich gleich in den Text aufgenommen, aber durch Einschliessung in eckige Klammern kenntlich gemacht.

———————

1) *Zu S. 3.* Als Körper, auf welchen gewirkt wird (Aufpunkt), ist bei Construction der Kraftlinien der Schwere immer ein materieller Punkt von der Masse 1, bei den magnetischen Kraftlinien ein punktförmiger Nordpol von der Stärke 1, bei den elektrischen Kraftlinien eine in einem Punkte concentrirte Elektricitätsmenge 1 zu denken. Die auf einen solchen Pol wirkende magnetische, oder auf eine solche Elektricitätsmenge wirkende elektrische Kraft wird dann oft schlechtweg die magnetische oder elektrische Kraft (Feldstärke) genannt.

2) *Zu S. 5.* Hier fasst *Maxwell* schon bestimmt die Möglichkeit von Versuchen ins Auge, welche zwischen der Nahe- und Fernwirkungstheorie zu entscheiden vermögen.

3) *Zu S. 6.* Letzteres gilt wohl nur, wenn man die Glieder von der Grössenordnung des Quadrates der Amplitüde vernachlässigt, von denen gerade die ponderomotorischen Kräfte zwischen schwingenden Körpern abhängen.

4) *Zu S. 7.* Vergl. *Lamé*, théorie de l'elasticité, 5. leçon p. 56; *Kirchhoff*, Vorlesungen über Mechanik, 11. Vorles. § 7, *Clebsch*, Elasticitätslehre, § 6.

5) *Zu S. 7.* D. h. der Vector, welcher die magnetische Kraft darstellt, hat nicht nur eine bestimmte Länge und Richtung, sondern es ist auch sein Ausgangspunkt von seinem Endpunkte zu unterschieden, es ist nicht gleichgültig, in welchem Sinne man ihn zieht. Gerichtete Grössen, bei denen letztere Bedingung fehlt, also Anfangs- und Endpunkt gleichberechtigt sind, nennt man öfter Tensoren; über ihre Beziehung zu den elastischen Kräften siehe *Voigt*, Krystallphysik, S. 21.

6) *Zu S. 9.* Im englischen oder Weinrankencoordinatensysteme (vergl. Klass. 69, Anm. 39)*) kreisen also die Wirbel in demjenigen Sinne, in dem man um den Coordinatenursprung herum auf kürzestem Wege von der $+x$- zur $+y$-Axe gelangt, wenn sie einer Kraftlinie entsprechen, welche die $+z$-Richtung hat, also eine magnetische Kraft darstellt, welche einen Nordpol in dieser Richtung treibt. In dem gegenwärtigen Abhandlungencyklus wendet *Maxwell* immer das englische Coordinaten-

———————

*) Daselbst soll es S. 114, Z. 11 v. o. z- statt x- heissen.

system an, welches ich auch in den Anmerkungen beibehalte,
während er in der Klass. 69 übersetzten Abhandlung das
französische Coordinatensystem anwandte. Daher hatten die
Gleichungen 9 dieser Abhandlung dort das entgegengesetzte
Vorzeichen. Sie · lauteten dort:

$$a_2 = \frac{d\beta_1}{dz} - \frac{d\gamma_1}{dy} \text{ etc.}$$

(vergl. Klass. 69, S. 61 u. 62), was nach Einführung der
jetzigen Bezeichnungen überginge in

$$4\pi p = \frac{d\beta}{dz} - \frac{d\gamma}{dy},$$

da dort α_1, β_1, γ_1 die jetzt mit α, β, γ bezeichneten Grössen
waren, wogegen dort a_2 dieselbe Grösse war, welche jetzt mit
$4\pi p$ zu bezeichnen ist. Bezüglich des Factors 4π vergl.
Klass. 69 Anm. 40.

7) *Zu S. 9.* D. h. damit die Bewegung so geschehe,
dass die Flüssigkeitsmassen, die in entsprechenden Volumtheilen
liegen, nach einer entsprechenden Zeit jedesmal wieder in entsprechenden Volumtheilen liegen, ist nothwendig und bei entsprechenden Anfangsgeschwindigkeiten und Grenzbedingungen
hinreichend, dass die Druckdifferenzen in entsprechenden
Punkten im Verhältnisse $m^2 n : 1$ stehen. Dies folgt auch
unmittelbar daraus, dass die hydrodynamischen Gleichungen
unverändert bleiben, wenn man alle Längen mit l, alle Zeiten
mit $\dfrac{l}{m}$, alle Dichten mit n und alle auf die Flächeneinheit
wirkenden Drucke mit $m^2 n$ multiplicirt. Von Aussenkräften,
die auf das Innere der Flüssigkeit wirken, ist dabei abgesehen.
Wären solche vorhanden, so müsste die auf die Masseneinheit
von aussen wirkende Kraft mit $\dfrac{m^2}{l}$ multiplicirt werden.

8) *Zu S. 11.* Sei irgend eine Flüssigkeit gegeben, in
welcher Wirbel neben einander um parallele Axen rotiren.
Die mittlere Dichte und die Geschwindigkeit an der Peripherie
jedes Wirbels seien gleich eins. Der Druck an der Peripherie der
Wirbel sei p_1', der mittlere Druck in der Richtung der Wirbelaxen $p_2' = p_1' + C$. Nun sollen sämmtliche Lineardimensionen
im Verhältnisse $1 : l$ vergrössert werden. Die Dichten in entsprechenden Punkten sollen ϱ mal so gross angenommen und

die Zeitfolge der Zustände so geändert werden, dass die Geschwindigkeiten ohne Aenderung ihrer Richtung v mal vergrössert
werden; l, ϱ und v sind beliebige Grössen, jede derselben
hat aber selbstverständlich im ganzen Systeme den gleichen
Werth. Im neuen Systeme ist daher ϱ die mittlere Dichte
und v die Geschwindigkeit am Umfange der Wirbel. Ist daher
im neuen Systeme p_1 der Druck am Umfange eines Wirbels,
p_2 der mittlere axiale Druck, so ist nach dem in Satz 1 be-
wiesenen $p_1 = p_2 + C\varrho v^2$, wobei *Maxwell* dann $\dfrac{\mu}{4\pi}$ für C
schreibt.

Vielleicht sind einige Beispiele zur Versinnlichung willkommen, wobei wir der Einfachheit halber den Wirbelquer-
schnitt kreisförmig und die Flüssigkeit incompressibel und
durchaus gleich dicht annehmen. Wir denken uns zunächst
einen Wirbel von beliebiger Länge, dessen Querschnitt ein
Kreis vom Radius a und dessen Axe senkrecht darauf sei.
Jedes Flüssigkeitstheilchen beschreibe mit constanter Geschwindigkeit einen Kreis, dessen Ebene senkrecht zur Axe und
dessen Mittelpunkt in der Axe liegt. Die Geschwindigkeit
sei am Umfange des Wirbels v, im Inneren des Wirbels sei
sie für alle Punkte, die sich in der gleichen Entfernung r von
der Axe befinden, dieselbe und gleich $vf\!\left(\dfrac{r}{a}\right)$, wobei f eine
beliebige Function sein kann, die für $r = 0$ verschwindet und
für $r = a$ den Werth eins hat. Man kann ein fixes Coordinatensystem einführen, dessen z-Axe die Wirbelaxe ist, und
die Componenten der Geschwindigkeit jedes Flüssigkeitsteil-
chens in der x- und y-Richtung berechnen. Man überzeugt
sich dann leicht, dass die *Euler*'schen hydrodynamischen
Gleichungen für eine reibungslose incompressible Flüssigkeit
für jede solche Function f erfüllt sind und dass der Druck
in der Entfernung r von der Axe

$$1)\qquad p = p_0 + \varrho v^2 \int_0^r \left[f\!\left(\frac{r}{a}\right)\right]^2 \frac{dr}{r}$$

ist, wobei p_0 der Druck in der Axe, ϱ die Dichte der Flüssigkeit ist. Der Druck am Umfange des Wirbels ist

$$2)\qquad p_1 = p_0 + \varrho v^2 \int_0^1 [f(x)]^2 \frac{dx}{x} = p + \varrho v^2 \int_r^a \left[f\!\left(\frac{r}{a}\right)\right]^2 \frac{dr}{r}.$$

Wir denken uns nun ein cylindrisches Flüssigkeitsvolumen V vom Querschnitt q, in welchem sich n Wirbel von der eben geschilderten Beschaffenheit neben einander befinden, deren Axen parallel der Axe des Cylinders V sind. Die Flüssigkeit zwischen den Wirbeln soll ruhen, in derselben wird also der gleiche Druck p_1 wie am Umfange der Wirbel herrschen. Den mittleren axialen Druck finden wir in folgender Weise. Der von den Wirbeln nicht durchstochene Theil des Querschnittes q hat den Flächeninhalt $q - \pi n a^2$ und daselbst herrscht der Druck p_1. Jeder Wirbel durchsticht den Querschnitt q in einem Kreise vom Radius a, auf dessen Fläche der Druck variabel ist. Schneiden wir aus jedem solchen Kreise einen concentrischen Kreisring heraus, der von den beiden Kreisen mit den Radien r und $r + dr$ begrenzt ist, so herrscht in jedem solchen Kreisring der durch Formel 1 gegebene Druck p, und die Gesammtfläche aller dieser im Querschnitt q liegenden Kreisringe ist $2 \pi n r dr$. Multipliciren wir daher jedes Flächenelement des Querschnittes q mit dem daselbst herrschenden Drucke und addiren alle so gebildeten Producte, so folgt:

$$(q - \pi n a^2)p_1 + 2 \pi n \int_0^a p r dr = q p_1 - 2 \pi n \varrho v^2 \int_0^a r dr \int_r^a \left[f\left(\frac{r}{a}\right) \right]^2 \frac{dr}{r}.$$

Durch partielle Integration des zwischen Null und a zu nehmenden Integrals des letzten Gliedes findet man, dass dieser Ausdruck gleich

$$q p_1 - \pi n \varrho v^2 \int_0^a r dr \left[f\left(\frac{r}{a}\right) \right]^2 = q p_1 - n \pi a^2 \varrho v^2 \int_0^1 [f(x)]^2 x dx$$

ist, was durch q dividirt für den mittleren axialen Druck den Werth

3) $$p_2 = p_1 - \frac{n \pi a^2}{q} \varrho v^2 \int_0^1 [f(x)]^2 x dx$$

liefert. Wenn daher jeder aus dem *Maxwell*'schen Medium so herausgeschnittene kleine Cylinder, dass die Axe den Kraftlinien parallel ist, angenähert die Beschaffenheit des eben betrachteten Cylinders hätte, so wäre die *Maxwell*'sche Grösse

4) $$\mu = 4 \pi \cdot \frac{n \pi a^2}{q} \varrho \int_0^1 [f(x)]^2 x dx .$$

Dabei ist πa^2 der Querschnitt eines Wirbels, $\frac{q}{n}$ ist gewissermaassen jener Bruchtheil des Gesammtquerschnittes des Cylinders, auf den durchschnittlich ein Wirbel entfällt.

Die gesammte lebendige Kraft des im Cylinder von Volum V enthaltenen Stückes eines Wirbels ist

$$\pi l \varrho v^2 \int_0^a \left[f\left(\frac{r}{a}\right) \right]^2 r \, dr = \pi a^2 l \varrho v^2 \int_0^1 [f(x)]^2 x \, dx \,,$$

wenn l die Länge des Cylinders, also $V = q l$ ist. Die gesammte im Cylinder enthaltene lebendige Kraft ist also

5)
$$V \frac{n \pi a^2}{q} \varrho v^2 \int_0^1 [f(x)]^2 x \, dx = \frac{\mu v^2}{4 \pi} V \,.$$

Falls, wie sich *Maxwell* ausdrückt, jeder Wirbel mit gleichförmiger Winkelgeschwindigkeit rotirt, d. h. ohne relative Verschiebungen seiner Theilchen, als ob die darin rotirende Flüssigkeitsmasse ein fester Körper wäre, ist die Geschwindigkeit proportional r, also $f(x) = x$, daher nach 4)

6)
$$\mu = \frac{n \pi^2 a^2 \varrho}{q} \,.$$

Wenn zudem die Wirbel so angeordnet sind, dass die Durchschnittspunkte ihrer Axen mit dem Querschnitte q die Ecken von lauter Quadraten von der Seitenlänge $2a$ bilden, so kann man diesen Querschnitt in lauter Quadrate von der Seitenlänge $2a$ zerlegen, von denen jedes einem Kreise umschrieben ist, in dem ein Wirbel den Querschnitt durchsticht. Ein solches Quadrat würde den Bruchtheil $\frac{q}{n}$ des Gesammtquerschnittes repräsentiren, der durchschnittlich auf einen Wirbel entfällt; man hätte also $\frac{q}{n} = 4 a^2$ und daher nach 6)

$$\mu = \frac{\pi^2 \varrho}{4} \,, \quad p_1 - p_2 = \frac{\pi}{16} \varrho v^2 = 0{,}1963 .. \varrho v^2 \,.$$

Dies wäre nicht die dichteste Anordnung der Wirbel. Letztere würde man erhalten, wenn man den Querschnitt q in lauter reguläre Sechsecke zerlegen würde, von denen jedes einem

Kreise umschrieben wäre, in dem ein Wirbel den Querschnitt q durchsticht. Die Fläche jedes solchen Sechsecks würde dann denjenigen Bruchtheil des Gesammtquerschnittes repräsentiren, der auf einen Wirbel entfällt, wäre also gleich $\dfrac{q}{n}$. Da die Seite eines dieser Sechsecke die Länge $\dfrac{2a}{\sqrt{3}}$ hätte, so wäre also $\dfrac{q}{n} = 2\sqrt{3}\,a^2$, daher

$$\mu = \frac{\pi^2 \varrho}{2\sqrt{3}}\,, \quad p_1 - p_2 = \frac{\pi}{8\sqrt{3}}\,\varrho v^2 = 0,2267\ldots \varrho v^2\,.$$

Dies ist der grösste Werth, den μ haben kann, wenn die Flüssigkeit homogen und unzusammendrückbar ist und die Wirbel mit gleichmässiger Winkelgeschwindigkeit in geraden Kreiscylindern rotiren. *Maxwell's* Werth (siehe dessen Gleichung 1a):

$$p_1 - p_2 = 0 \cdot 25\,\varrho v^2\,,$$

würde dem Falle entsprechen, dass sich zwischen den Wirbeln absolut gar keine mit nicht rotirender Flüssigkeit erfüllten Zwischenräume befinden. Diese Vorstellung wird später bei Einführung der zwischen den Wirbeln sich bewegenden Frictionstheilchen nützlich sein. Dann können aber die Wirbel nicht kreisförmigen Querschnitt haben. Die Theilchen an ihrer Peripherie müssten vielmehr polygonförmige Bahnen (z. B. reguläre Sechsecke) beschreiben, und die Integration der hydrodynamischen Gleichungen wäre für diese Fälle weit schwieriger.

9) *Zu S. 12.* Die Buchstaben l, m, n haben natürlich jetzt eine andere Bedeutung wie früher. S. 22 wird der Buchstabe l in einer dritten Bedeutung verwendet und hat auch ϱ wieder eine andere Bedeutung, die es S. 28 nochmals wechselt. Ebenso wechselt p oft die Bedeutung.

Die elastischen Kräfte sind so definirt: Wir legen durch einen Punkt im Medium drei kleine ebene Flächenelemente vom Flächeninhalte ω senkrecht zu den drei Coordinatenrichtungen. Die Theilchen des Mediums, welche der einen Seite des Flächenelementes anliegen, das auf der Abscissenrichtung senkrecht steht, üben dann auf die Theilchen, welche der anderen Seite anliegen, eine Kraft *) aus, welche in den Coordinatenrichtungen die Componenten ωp_{xx}, ωp_{xy}, ωp_{xz} hat, und zwar wirken sie in den positiven Coordinatenrichtungen, wenn man die Kraft ins Auge fasst, welche von den Theilchen ausgeht, die derjenigen Seite des Flächenelementes anliegen, die der positiven Coordinatenrichtung zugewendet ist, und auf die der negativen Coordinatenrichtung zugewendeten Theilchen wirkt, so dass also p_{xx}, p_{yy} und p_{zz}, wenn sie positiv sind, eine Zugkraft bezeichnen.

10) *Zu S. 12.* Wählen wir die Richtung der Kraftlinien an der betreffenden Stelle als Abscissenrichtung eines neuen rechtwinkligen Coordinatensystems und bezeichnen die neuen Coordinatenrichtungen durch griechische Buchstaben, so ist

$$1)\quad \begin{cases} p_{\xi\xi} = \dfrac{1}{4\,\pi}\mu v^2 - p_{\scriptscriptstyle 1}, \ p_{\eta\eta} = p_{\zeta\zeta} = -p_{\scriptscriptstyle 1}, \\[2ex] p_{\xi\eta} = p_{\eta\zeta} = p_{\xi\zeta} = 0. \end{cases}$$

Die elastische Kraft, welche pro Flächeneinheit auf eine zur alten Abscissenaxe senkrechte Fläche wirkt, soll in den neuen Coordinatenrichtungen die Componenten Ξ, H, Z haben. Dann ist nach den bekannten Formeln für die elastische Kraft auf eine gegen die Coordinatenaxen (hier gegen die neuen) geneigte Fläche **)

$$\Xi = p_{\xi\xi}\cos(x\xi) + p_{\xi\eta}\cos(x\eta) + p_{\xi\zeta}\cos(x\zeta) = \left(\frac{1}{4\,\pi}\mu v^2 - p_{\scriptscriptstyle 1}\right)\cos(x\xi),$$

$$H = p_{\xi\eta}\cos(x\xi) + p_{\eta\eta}\cos(x\eta) + p_{\eta\zeta}\cos(x\zeta) = -p_{\scriptscriptstyle 1}\cos(x\eta),$$

$$Z = p_{\xi\zeta}\cos(x\xi) + p_{\eta\zeta}\cos(x\eta) + p_{\zeta\zeta}\cos(x\zeta) = -p_{\scriptscriptstyle 1}\cos(x\zeta).$$

Da andererseits p_{xx}, p_{xy} und p_{xz} die Componenten derselben Kraft in den Richtungen der alten Coordinatenaxen sind, so hat man

---

*) Diese Kraft, durch ω dividirt, soll die elastische Kraft pro Flächeneinheit, wirkend auf eine zur Abscissenaxe senkrechte Fläche, heissen.

**) *Lamé* l. c. 4. leçon, Gleich. 10. *Kirchhoff* l. c. 11. Vorl., Gleich. 7. *Clebsch* l. c. § 11, Gleich. 2.

$$p_{xx} = \Xi \cos(x\xi) + H \cos(x\eta) + Z \cos(x\zeta) = \frac{1}{4\pi} \mu v^2 \cos^2(x\xi) - p_1 ,$$

$$p_{xy} = \Xi \cos(y\xi) + H \cos(y\eta) + Z \cos(y\zeta) = \frac{1}{4\pi} \mu v^2 \cos(x\xi)\cos(y\xi),$$

$$p_{xz} = \Xi \cos(z\xi) + H \cos(z\eta) + Z \cos(z\zeta) = \frac{1}{4\pi} \mu v^2 \cos(x\xi)\cos(z\xi),$$

was sofort die Gleichungen *Maxwell*'s liefert, da die neue Abscissenaxe die Richtung der Kraftlinien hat, also

$$\cos(x\xi) = l, \quad \cos(y\xi) = m, \quad \cos(z\xi) = n$$

ist.

Construirt man im Innern des wirbelerfüllten Mediums ein gegen die Wirbelaxen geneigtes Flächenelement, so kann man übrigens nicht wie bei einem elastischen Körper die der einen Seite anliegenden Theilchen hinwegnehmen und ihre Wirkung auf die der anderen Seite anliegenden dadurch ersetzen, dass man auf die Theilchen des Flächenelementes selbst von aussen die elastischen Kräfte wirken lässt. Dadurch würde die Bewegung in der unmittelbaren Umgebung des Flächenelementes gestört, da ja fortwährend Theilchen von der einen Seite in Folge der Rotation sich auf die andere hinüber bewegen. Man könnte die Frage aufwerfen, ob sich hieraus nicht Bedenken gegen die unveränderte Anwendung der Gleichungen der Elasticitätslehre auf das Medium ergeben.

11) *Zu S. 14.* Was hier Quantität der magnetischen Induction durch eine Fläche vom Flächeninhalte eins heisst, ist dasselbe, was Klassiker 69, p. 38 die Quantität i der Magnetisirung in einem Punkte hiess und was man in der alten Theorie die Componente des magnetischen Momentes pro Volumeneinheit senkrecht zu dieser Fläche nennt; die gesammte Quantität der nach aussen gerichteten magnetischen Induction durch eine geschlossene Fläche ist die Anzahl der magnetischen Inductionslinien, welche innerhalb derselben entspringen, also die 4πfache darin enthaltene Magnetismusmenge; was hier in Uebereinstimmung mit der üblichen Terminologie die magnetische Kraft (auf die Einheit des Magnetismus, Feldstärke) heisst, wurde Klass. 69 die magnetische Intensität genannt. Die Anzahl der Inductionslinien, die bei einem Parallelepipede, dessen Kanten dx, dy, dz den Coordinatenaxen parallel sind, durch die beiden zur Abscissen-

richtung senkrechten Seitenflächen austreten, ist $-\mu\alpha\,dy\,dz$ und $\left[\mu\alpha + \dfrac{d(\mu\alpha)}{dx}\,dx\right]dy\,dz$. Führt man die analoge Rechnung für die übrigen Seitenflächen durch, so folgt *Maxwell's* Gleichung 6.

Der Gedankengang *Maxwell's* ist in dem nun Folgenden wohl dieser: Die Gesetze der Wirkung von Magnetismen und elektrischen Strömen werden als erfahrungsmässig bekannt vorausgesetzt, die Kraftwirkungen in einem Medium, das Wirbel enthält, die nach den Kraftlinien angeordnet sind, wurden soeben durch Rechnung gefunden. Es wird nun zunächst die Frage gestellt, was im Medium der Magnetismusmenge, der Magnetisirungszahl, einem elektrischen Strome etc. entsprechen muss, damit die hier gefundenen Gesetze mit jenen experimentell gegebenen identisch werden. Erst im zweiten Theile wird die Frage beantwortet, durch welchen Mechanismus die Wirbel in dieser Anordnung erhalten und die experimentell gegebenen zeitlichen Aenderungen dieser Anordnung erklärt werden können.

12) *Zu S. 14.* D. h. wenn wir in einem Medium die Wirbel so anordnen, dass ihre Axen überall die Richtung der Kraftlinien eines magnetischen Feldes haben und ihre Umfangsgeschwindigkeit gleich der Feldstärke ist; wenn ferner die Dichte des Mediums überall durch die Gleichung 4 (der Anmerkung 6) bestimmt ist, so ist *Maxwell's* Ausdruck 6 gleich der 4πfachen in jedem Volumelemente vorhandenen Magnetismusmenge und *Maxwell's* Ausdruck 8 giebt die magnetische Kraft, welche auf den in der Volumeinheit befindlichen Magnetismus wirkt.

13) *Zu S. 16.* Eine Kraftlinie stellt dabei in ihrem ganzen Verlauf die gleiche Kraft (die Krafteinheit) dar, so dass die Kraftlinien um so dichter gedrängt erscheinen, je intensiver das Feld ist. Daraus folgt aber keineswegs, dass auch die Anzahl der Wirbel, welche in der Flächeneinheit eines auf ihre Axe senkrecht durch das Medium gelegten Querschnittes neben einander liegen, in gleichem Maasse wachsen müsse. Dies würde nur folgen, wenn bei schwacher und starker Feldintensität die Umfangsgeschwindigkeit unverändert bliebe. Die Art, wie *Maxwell* die Gleichungen schreibt, involvirt aber gerade die entgegengesetzte Annahme. Er betrachtet nämlich die von der Lagerung der Wirbel abhängige Grösse μ als unveränderlich für ein und denselben Körper und bloss α, β, γ als vom magnetischen Zustande abhängig, so dass also die

Wirbel bei schwacher und starker Feldintensität gleich dicht
gedrängt sind und bloss deren Drehungsgeschwindigkeit mit
wachsender Feldstärke wächst. Uebrigens würden die Haupt-
resultate *Maxwell's* wahrscheinlich unverändert bleiben, wenn
man auch eine Veränderlichkeit der Lagerung der Wirbel bei
verschiedener Magnetisirung zuliesse. (Vergl. Schluss der
Anm. 17 und Anm. 76.)

14) *Zu S. 16.* Vorausgesetzt ist dabei, dass μ constant
und weder freier Magnetismus noch ein elektrischer Strom vor-
handen ist.   Dann ist $\dfrac{d\beta}{dx} = \dfrac{d\alpha}{dy}$. Legt man den Coordinatenursprung in eine der Kraftlinien der Fig. 5, die y-Axe in ihre
Richtung, die Abscissenaxe in die Richtung, in welcher die
Zunahme der magnetischen Kraft am grössten ist, so ist auf
der Abscissenaxe $\alpha = 0$, $\dfrac{d\beta}{dx}$ positiv, daher auch $\dfrac{d\alpha}{dy}$ positiv.
Daher ist α in geringer Entfernung von der Abscissenaxe auf
der Seite der positiven y positiv, auf der entgegengesetzten
Seite negativ, und die durch den Coordinatenursprung gehende
Kraftlinie ist so gekrümmt, dass sie auf jeder dieser Seiten
die y-Axe gegen diejenige Halbebene hin verlässt, in welcher
die Abscissen positiv sind.

15) *Zu S. 18.* Der Beweis ist analog dem Klass. 69
S. 53 geführten, nur dass dort ein französisches, hier ein
englisches Coordinatensystem verwendet wird.   Dort waren
$\dfrac{a_2}{4\pi}$, $\dfrac{b_2}{4\pi}$ und $\dfrac{c_2}{4\pi}$ die magnetisch gemessenen Componenten
der Stromdichte, während jetzt p, q, r die magnetisch ge-
messenen Componenten der Stromdichte sind, wenn die Com-
ponenten der magnetischen Kraft α, β, γ magnetisch gemessen
werden.   Sei $dx\,dy$ ein Elementarrechteck, dessen Seiten der
x- und y-Axe parallel sind.   Ein Nordpol von der Stärke 1,
der dessen Umfang im positiven Sinne durchläuft, leistet auf
den beiden Seiten von der Länge dx desselben die Arbeit
$\alpha\,dx$ resp. $-\left(\alpha + \dfrac{d\alpha}{dy}\,dy\right)dx$ und auf den beiden Seiten dy
die Arbeit $-\beta\,dy$ resp. $\left(\beta + \dfrac{d\beta}{dx}\,dx\right)dy$, daher im Ganzen
die Arbeit $\left(\dfrac{d\beta}{dx} - \dfrac{d\alpha}{dy}\right)dx\,dy$. Andererseits beweist man leicht

aus dem *Biot-Savart'schen* Gesetze (vergl. des Uebersetzers
Vorles. über *Maxwell's* Theorie I, S. 70), dass ein Magnetpol
von der Stärke 1 die Arbeit $4\pi i$ leistet, wenn er im positiven Sinne einen unendlichen geradlinigen Strom umkreist,
dagegen die Arbeit Null, wenn der gesammte Strom ausserhalb
der vom Magnetpole beschriebenen geschlossenen Curve vorbei-
fliesst. i ist dabei die magnetisch gemessene Stromintensität. In
der Nähe des oben betrachteten Rechtecks $dx\,dy$ können die
Stromlinien als unendliche Gerade betrachtet werden. Die
Arbeit ist dieselbe, als ob nur die Stromcomponente in der
z-Richtung vorhanden wäre; dann wäre die Gesammtströmung,
die durch das Rechteck hindurchgeht, $r\,dx\,dy$, daher die Arbeit
des den Umfang des Rechtecks durchlaufenden Poles $4\pi r\,dx\,dy$.
Die Gleichsetzung der beiden für diese Arbeit gefundenen Ausdrücke liefert

$$r = \frac{1}{4\pi}\left(\frac{d\beta}{dx} - \frac{d\alpha}{dy}\right).$$

16) *Zu S. 19.* Handelt es sich um elektromagnetische
Erscheinungen in einer Flüssigkeit, so ist p_1 ein gewöhnlicher
hydrostatischer Druck in der ponderablen Masse der Flüssigkeit. Ist der Körper ein fester, so ist p_1 eine elastische
Kraft, welche ganz nach den Gesetzen eines hydrostatischen
Druckes nach allen Richtungen gleichmässig wirkt. p_1 kann
auch negativ, also ein Zug sein. Im reinen Aether muss diese
Kraft p_1 auch möglich sein. *Maxwell* scheint hier wie auch
später in der Theorie der elektromagnetischen Wirkungen in
bewegten Körpern anzunehmen, dass in ponderablen Körpern
der Aether unveränderlich an der ponderablen Materie haftet;
denn er nimmt an, dass sich die durch seine Wirbel erzeugten
Druckkräfte mit voller Stärke auf die sichtbare Materie übertragen und sie in Bewegung setzen.

Der Druck p_1 erklärt auch den Auftrieb, den ein magnetischer Körper in einer magnetisirbaren Flüssigkeit unter dem
Einflusse magnetischer Kräfte erfährt, und von dem bei Discussion des Gliedes $8a$ die Rede war. Es befinde sich eine
homogene magnetische oder diamagnetische Flüssigkeit in einem
inhomogenen magnetischen Felde und sei allseitig von starren
Wänden umschlossen. Ueberall in der Flüssigkeit sei

$$\frac{d(\mu\alpha)}{dx} + \frac{d(\mu\beta)}{dy} + \frac{d(\mu\gamma)}{dz} = 0, \quad \frac{d\beta}{dz} = \frac{d\gamma}{dy}, \quad \frac{d\gamma}{dx} = \frac{d\alpha}{dy}, \quad \frac{d\alpha}{dy} = \frac{d\beta}{dx}.$$

Es sei also innerhalb der Flüssigkeit weder wahrer Magnetismus noch ein elektrischer Strom vorhanden. Dann ist nach 5

1)
$$\frac{dp_4}{dx} = \frac{\mu}{8\pi} \frac{d(\alpha^2 + \beta^2 + \gamma^2)}{dx} - X$$

mit zwei analogen Gleichungen für die y- und z-Axe. Wenn sonst keine äusseren Kräfte auf das Innere der Flüssigkeit wirken, also z. B. von der Schwere abstrahirt wird, so ist $X = Y = Z = 0$, daher

$$p_4 = \frac{\mu}{8\pi}(\alpha^2 + \beta^2 + \gamma^2) + \text{const.}$$

Die Flüssigkeit befindet sich also im Gleichgewichte, aber der Druck ist an verschiedenen Stellen derselben verschieden. Die Differenz der Drucke . an zwei Stellen ist gleich der mit $\frac{\mu}{8\pi}$ multiplicirten Differenz der Quadrate der Feldstärken. Die Formel 1 dieser Anmerkung würde auch folgen, wenn das Medium keine Wirbel enthielte, aber auf jedes Volumelement dV aus irgend einer rein mechanischen Ursache in den drei Coordinatenrichtungen die Kräfte

$$\frac{\mu dV}{8\pi}\frac{d(\alpha^2+\beta^2+\gamma^2)}{dx}, \frac{\mu dV}{8\pi}\frac{d(\alpha^2+\beta^2+\gamma^2)}{dz}, \frac{\mu dV}{8\pi}\frac{d(\alpha^2+\beta^2+\gamma^2)}{dz}$$

(die scheinbaren Fernkräfte) wirken würden. Sowohl die Druckvertheilung, als auch der Auftrieb auf einen eingetauchten Körper wären dann dieselben wie in der magnetisirbaren Flüssigkeit im inhomogenen Felde.

Wir wollen zur Versinnlichung noch als allgemeineres Beispiel eine beliebige Flüssigkeit in einem beliebigen magnetischen Felde betrachten, in der auch wahre Magnetismen und elektrische Ströme vorhanden sein können. Die Grössen X, Y, Z, welche durch *Maxwell*'s Gleichung 5 und die analogen für die anderen Coordinatenaxen gegeben sind, stellen die äusseren Kräfte dar, welche wirken müssen, damit sich jedes Volumelement der Flüssigkeit im Gleichgewichte befinde. XdV, YdV, ZdV sind dann die Kräfte, welche auf das Volumelement dV wirken müssen, um im Vereine mit den von den Wirbeln (überhaupt dem umgebenden Aether) auf den im Volumelement

befindlichen Aether ausgeübten Druck- und Zugkräften dasselbe im Gleichgewichte zu erhalten. Von diesen Druck- und
Zugkräften nimmt *Maxwell* an, dass sie sich auf das ponderable
Volumelement selbst unverändert übertragen. p_4 ist der Gesammtdruck, der zusammen in der ponderabeln Substanz und
dem fest damit verbunden gedachten Aether wirkt.

Wir gehen nun zu dem Falle über, dass die ponderable
Substanz in einer beliebigen Bewegung begriffen sei. p_4 soll
dieselbe Bedeutung beibehalten, wie früher. XdV, YdV, ZdV
aber sollen jetzt die Kräfte sein, welche ausser den vom umgebenden Aether herstammenden sonst von aussen (z. B. in
Folge der Schwere) auf das Volumelement dV der Flüssigkeit
wirken.

In dem jetzt betrachteten Falle einer beliebigen Bewegung
gilt wieder *Maxwell*'s Gleichung 5 mit den analogen für die
beiden übrigen Coordinatenaxen, nur dass in denselben nach
dem *d'Alembert*'schen Principe an die Stelle der drei Grössen
X, Y, Z die drei Grössen

$$X - \varrho \frac{du}{dt}, \quad Y - \varrho \frac{dv}{dt}, \quad Z - \varrho \frac{dw}{dt}$$

zu treten haben, worin u, v, w die Geschwindigkeitscomponenten
der in dV befindlichen Flüssigkeitstheilchen (nicht an dieser
Stelle des Raumes) sind und ϱ die Dichte der ponderabeln
Flüssigkeit ist. Man erhält daher für die Abscissenrichtung
die Bewegungsgleichung:

$$X - \varrho \frac{du}{dt} = \alpha m + \frac{\mu}{8\pi} \frac{d(v^2)}{dx} + \frac{\mu}{4\pi}(\gamma q - \beta r) - \frac{dp_4}{dx}.$$

Natürlich ist hierbei vorausgesetzt, dass die Bewegung so langsam geschieht, dass die Inductionsströme, die durch Induction
erzeugten dielektrischen Polarisationen etc. vernachlässigt werden können, für welche die Gleichungen 77 gelten würden.

Die Bewegung der Flüssigkeit geschieht also gerade so, als
ob die Wirkung des Aethers nicht vorhanden wäre, aber zu
den von aussen auf dV wirkenden Kräften noch pro Volumeinheit die von *Maxwell* der Reihe nach discutirten und durch
die Ausdrücke 7, 8a, 8b und 10 des Textes repräsentirten
Kräfte hinzuträten, welche also mit Recht als die durch die
Wirkung des Aethers erzeugten scheinbaren Fernkräfte bezeichnet werden.

Wäre z. B. X gleich der negativen Summe der vier Ausdrücke 7, 8a, 8b und 10, und würde analoges für Y und Z gelten und die ponderable Flüssigkeit ruhen, so erhielte man

$$\frac{dp_4}{dx} = \frac{dp_4}{dy} = \frac{dp_4}{dz} = 0 \,,$$

also $p_1 = $ const. Dies wären also die äusseren Kräfte, welche den scheinbaren Fernwirkungen das Gleichgewicht halten und auch alle Druckunterschiede aufheben würden, welche jene allein erzeugen würden. Jene Druckunterschiede sind die Veranlassung der sogenannten Magnetostriction.

17) *Zu S. 21.* Da sich ja die (freilich unwirksamen) übrigen Theile des Magnetstabes vom Pole aus nach einer bestimmten Richtung hin erstrecken, so kann nicht als unbedingt a priori evident betrachtet werden, dass ein einzelner Pol nach allen Richtungen des Raumes gleich stark wirkt. Doch betrachtet dies *Maxwell* hier offenbar als erfahrungsmässig gegeben. Dann kann φ nur Function von r sein und aus 19 folgt bekanntlich

1) $$\varphi = -\frac{a}{r} \,,$$

wo a eine Constante und die andere additive Constante unwesentlich ist.

Wir wollen nun um den Pol als Mittelpunkt eine kleine, aber dabei doch gegen die Dimensionen des Poles grosse Kugel vom Radius r construiren. Nach Formel 18 ist die ganze innerhalb der Kugel gelegene, also die im Pol concentrirte Magnetismusmenge:

$$\frac{\mu}{4\pi} \int \left(\frac{d^2\varphi}{dx^2} + \frac{d^2\varphi}{dy^2} + \frac{d^2\varphi}{dz^2} \right) dV \,,$$

wobei über alle Volumelemente dV innerhalb der Kugel intergrirt werden kann, da dort, wo kein Magnetismus ist, ohnedies der Integrant verschwindet. Durch eine ganz wie beim Beweise des *Green*'schen Satzes auszuführende partielle Integration findet man diesen Ausdruck gleich

$$\frac{\mu}{4\pi} \int \frac{d\varphi}{dn} dS \,,$$

wobei jetzt über alle Oberflächenelemente dS integrirt werden

muss und n die nach aussen von der Kugelfläche weg gezogene
Normale ist. Für die Kugelfläche ist bereits φ durch Gleichung
1) gegeben; daher hat das letzte Integrale den Werth μa. Die
Grösse m in *Maxwell*'s Gleichung 20 ist also die gesammte
im Pole vereinigte Magnetismusmenge, während derselbe Buchstabe in Formel 18 die räumliche Dichte des Magnetismus
bedeutete.

μ ist die mit dem numerischen Coefficienten $4\pi C$ (vergl.
Maxwell's Formel 1b) multiplicirte Dichte ϱ des Mediums (Aethers),
aus welchem die Wirbel gebildet sind. C ist für den idealen
von *Maxwell* betrachteten Fall gleich 0,25, für die beiden
in Anmerkung 8 betrachteten Fälle der Anordnung der Wirbel
gleich 0,1963, resp. 0,2267. Es wäre natürlich ein Irrthum,
zu meinen, im Standardmedium, für welches $\mu = 1$ gesetzt
wird, sei die Dichte des Aethers gleich $\dfrac{1}{4\pi C}$ mal der des Wassers. Für das Standardmedium wird vielmehr $\mu = 1$, weil
Maxwell die Componenten der magnetischen Feldstärke nicht
proportional, sondern gleich α, β, γ setzt. Die Gleichung
$\mu = 1$ hat also folgenden Sinn: Wenn man von den beiden
Einheiten der Länge und Masse eine willkürlich, die andere
(z. B. die Masseneinheit) so wählt, dass im Standardmedium
die Dichte des Aethers gleich 1 wird, so wird daselbst die
Geschwindigkeit an der Peripherie der Wirbel durch dieselbe
Zahl wie die magnetische Kraft ausgedrückt. Magnetpol 1 ist
dabei wieder der, welcher im Standardmedium auf einen gleichen
die Kraft 1 ausübt, magnetische Feldstärke 1 diejenige, bei
der auf einen Einheitspol die Kraft 1 wirkt. Kraft 1 aber
ist diejenige, welche nicht dem Gramm, sondern der jetzigen
Masseneinheit in der Zeiteinheit die Beschleunigung 1 ertheilt.

Um die bei Zugrundelegung des gewöhnlichen Maass-
systems geltende Gleichung zu finden, denke man sich im
Standardmedium zwei vollkommen gleichbeschaffene Magnetpole
in der Entfernung r. Für jeden soll die Function φ, deren
partielle Ableitungen nach den Coordinaten die Werthe von
α, β und γ liefern, durch den Ausdruck 1) dieser Anmerkung
gegeben sein. In jedem befindet sich daher die Magnetismusmenge $m = a\mu$ und die Kraft, welche sie aufeinander aus-
üben, ist $\alpha m = \dfrac{a^2 \mu}{r^2} = v^2 r^2 \mu$, wobei v die Umfangsgeschwindigkeit der von dem einen Pole erzeugten Wirbel an derjenigen

Stelle des Raumes ist, wo sich der andere Pol befindet. Misst man die Intensität m beider Pole magnetisch, so muss die Kraft, die sie aufeinander ausüben, gleich der mit $\dfrac{m}{r^2}$ multiplicirten Krafteinheit, also gleich

$$\frac{m^2 \cdot \mathrm{gr} \cdot \mathrm{cm}}{r^2 \sec^2}$$

sein.   Es ist also

$$v^2 \mu = \frac{m^2 \,\mathrm{gr}}{r^4 \,\mathrm{cm}\,\sec^2}\,.$$

Bezeichnen wir mit ω die Umfangsgeschwindigkeit der Wirbel in einem Felde von der magnetisch gemessenen Intensität 1, so ist $v = \dfrac{\omega m}{r^2}$, daher:

2) $\omega^2 \mu = 4\pi \omega^2 C \varrho = 1 \cdot \mathrm{gr}\,\mathrm{cm}^{-1}\sec^{-2}$.

Dies ist die einzige Relation, welche zwischen den Absolutwerthen von ω und μ für das Standardmedium aus dem Bisherigen abgeleitet werden kann. Für alle rein elektromagnetischen Phänomene aber ist bloss das Product $\omega^2 \mu$ ausschlaggebend. Die Gleichungen für dieselben bleiben also unverändert, wenn man für das Standardmedium $\mu = 1$ und v einfach gleich der magnetisch gemessenen Feldintensität setzt. Wäre für das Standardmedium die Aetherdichte $\varrho = A\,\mathrm{gr}\,\mathrm{cm}^{-3}$ im üblichen Maasse und die Zahl C gegeben, so wäre nach 2

$$\omega = \frac{1\ \mathrm{cm}}{\sec.\sqrt{4\pi\,C A}}$$ bei der magnetisch gemessenen Feldstärke 1

$= E = 1\,\mathrm{gr}^{\frac{1}{2}}\,\mathrm{cm}^{-\frac{1}{2}}\sec^{-1}$. Man müsste daher die in cm sec gemessene Wirbelumfangsgeschwindigkeit v mit $\sqrt{4\pi\,C A}\,\mathrm{gr}^{\frac{1}{2}}\,\mathrm{cm}^{-\frac{3}{2}}$ multipliciren, um die in magnetischem Maasse gemessene Feldstärke F zu erhalten, da die Grössen ω, E, v und F eine Proportion bilden. (Vergl. *Maxwell*'s Gleichung 161.) Dagegen müsste man die in gr cm sec gemessene Grösse

$$\frac{1}{4\pi}\left[\frac{d(\mu\alpha)}{dx} + \frac{d(\mu\gamma)}{dy} + \frac{d(\mu\gamma)}{dz}\right] = m$$

mit $\sqrt{4\pi\,C A}\,\mathrm{gr}^{\frac{1}{2}}\mathrm{cm}^{-\frac{3}{2}}$ dividiren, um die Volumdichte des wahren Magnetismus zu erhalten, da das Product αm immer eine gewöhnliche mechanische Kraft auf die Volumeinheit wirkend geben muss.

Da der Coefficient C davon abhängt, wie dicht die Wirbel gelagert sind, so wäre es nicht einmal unbedingt erforderlich, dass, wie allerdings *Maxwell* immer annimmt, in derselben Substanz μ constant und nur v und Richtung der Wirbelaxen veränderlich ist. (Vergl. Anm. 76 und 13.)

18) *Zu S. 21.* Dieser Satz, sowie der entsprechende Satz für Dielectrica, den *Maxwell* S. 57 u. 58 ausspricht und der aus dessen Gleichung 127 folgt, wird oft *Helmholtz* zugeschrieben, der ihn später allgemein aus der alten Theorie abgeleitet hat und auf dessen Anregung hin auch seine ersten experimentellen Bestätigungen erfolgten, die *Maxwell* hier noch als so schwierig bezeichnet.

19) *Zu S. 22.* Die durch die Gleichung 22, 23 und 24 dargestellte Vertheilung der magnetischen Kraft innerhalb und ausserhalb des Cylinders ergiebt sich auch unmittelbar, wenn man die Wirkung des jedes Flächenelement des Cylinderquerschnittes durchfliessenden Stromfadens nach dem *Biot-Savart*-schen Gesetze berechnet. (Vergl. Anm. 15.) Es ist vorausgesetzt, dass der Strom den ganzen Cylinderquerschnitt gleichmässig durchfliesst und seine Intensität in magnetischem Maasse gemessen ist, wenn auch α, β, γ so gemessen sind.

In Gleichung 12 verschwindet das erste Glied, weil nirgends wahrer Magnetismus vorhanden ist. Das zweite wird durch den Auftrieb der den zweiten Leiter umgebenden Luft compensirt, welcher durch das letzte Glied dargestellt wird, wobei angenommen wird, dass die Magnetisirungszahl μ daselbst die gleiche wie im Leiter ist. Das vorletzte Glied verschwindet, da kein Strom in der y-Richtung fliesst. Es bleibt daher nur das Glied $-\mu\beta r$.

Da der zweite Leiter sich nicht selbst fortbewegen kann, so ist das von ihm erzeugte β auf seine eigene Bewegung ohne Einfluss. Man kann daher unter β den Werth der vom ersten Strome erzeugten magnetischen Kraft an der Stelle, wo sich der zweite Leiter befindet, verstehen. Die Querschnitte beider Leiter sind als klein gedacht, so dass man annehmen kann, dass die Stromfäden im ersten die Abscisse Null, die im zweiten die Abscisse ϱ, alle die y-Coordinate Null haben. Die zweite der Formeln 25 liefert daher $\beta = \dfrac{2\,C}{\varrho}$, wodurch man dann *Maxwell's* Gleichung 26 erhält.

20) *Zu S. 25.* Hier schildert *Maxwell* genau psycholo-
gisch die Erwägungen, die ihn auf die nun folgenden Bilder
und durch diese auf seine allgemeinen Gleichungen geführt
haben.

21) *Zu S. 26.* Erstere heissen Planetenräder, letztere
Laufrollen resp. Laufkugeln.   Erstere kommen auch z. B. bei
der *Selling*'schen Rechenmaschine vor (Catalog der Münchn.
math. Ausstell., München, bei *Wolf*, 1892. S. 153), letztere
bei allen Kugellagern, wie sie z. B. bei den Drehkrahnen,
Fahrrädern etc. üblich sind.

22) *Zu S. 26.* Die Geschwindigkeit der in Rede stehenden, ganz an der Oberfläche liegenden Theilchen des Wir-
bels ist nämlich $v = \sqrt{\alpha^2 + \beta^2 + \gamma^2}$, während ihre Bewegungsrichtung sowohl auf der Geraden mit dem Richtungscosinus
l, m, n, als auch auf der Wirbelaxe, deren Richtungscosinus
$\dfrac{\alpha}{v}$, $\dfrac{\beta}{v}$, $\dfrac{\gamma}{v}$ sind, senkrecht steht.   Der Cosinus des Winkels
dieser Bewegungsrichtung und der Abscissenaxe ist also nach
einer bekannten Formel der analytischen Geometrie

$$1) \qquad\qquad \frac{(n\,\beta - m\,\gamma)}{v}.$$

Wenn die Wirbelaxe durch den Coordinatenursprung geht, ihre
positive Seite mit der positiven y-Axe zusammenfällt und die
positive x-Axe das Oberflächenelement durchschneidet und zwar
senkrecht, so ist $\dfrac{\beta}{v} = n = +1$.   Dann bewegen sich die anliegenden Wirbeltheilchen in der positiven x-Richtung, da sich
die positive Seite der Wirbelaxe zur Wirbeldrehung wie die
positive y-Axe zur Drehung auf kürzestem Wege von der positiven z- zur positiven x-Richtung verhält.   Es ist also das
Vorzeichen in 1 richtig.

23) *Zu S. 26.* Dies setzt voraus, dass die Seitenflächen
der Wirbel überall unmittelbar aneinander liegen, was nur
möglich ist, wenn die Querschnitte der Wirbel Polygone
(Quadrate, reguläre Sechsecke etc.) sind.   Dem letzteren Falle
entspricht auch *Maxwell*'s Fig. 8.

24) *Zu S. 27.* Die Axen der Wirbel sind also jetzt nicht
mehr, wie es bisher gestattet war, als unbegrenzt zu denken,
sondern jeder beliebig lange Wirbelfaden ist durch Querschnitte
senkrecht zur Axe in eine Reihe einzelner »Wirbel« von

begrenztem Volumen und bestimmtem Mittelpunkte zu theilen.
Wenn in diesen Querschnitten überhaupt Frictionstheilchen
liegen, so werden dieselben höchstens im Kreise herum, niemals in einer bestimmten Richtung fortgeführt. Man kann
sich also wohl die Wirbel als Würfel oder reguläre Prismen
von sechseckigem Querschnitte denken, welche den Raum ohne
Zwischenräume erfüllen und deren Axen der Rotationsaxe
der Wirbel parallel sind. Die Theilchen am Umfange müssen
dann geradgebrochene Bahnen beschreiben. Trotzdem nimmt
Maxwell an, dass die Umfangsgeschwindigkeit an allen Stellen
eines und desselben Wirbels überall die gleiche ist, was mit
der für das Spätere sehr wesentlichen Voraussetzung zusammen-
hängt, dass die Distanz der Mittelpunkte zweier Frictionstheilchen stets unveränderlich ist, wo nicht die später zu besprechenden
Deformationen der Wirbelkörper auftreten.

Noch grösser werden die Schwierigkeiten, wenn man sich
nun an derselben Stelle des Körpers ein anderes magnetisches
Feld denkt, dessen Feldrichtung gegen die ursprüngliche irgendwie geneigt ist. Soll jetzt die ganze Zelleintheilung verändert
werden oder soll der Wirbelinhalt um eine Axe rotiren, die
gegen die Axe der geometrischen Figur des Wirbels irgendwie geneigt ist, und wie ist mit der letzteren Vorstellung die
Constanz der Umfangsgeschwindigkeit für einen Wirbel ver-
träglich? Man kann sich, wie dem Uebersetzer scheint, nur
damit trösten, dass bei exacter Berechnung die Mittelwerthe
nicht qualitativ verschieden ausfallen würden.

25) *Zu S. 27.* Darunter ist irgend eine der Anzahl der
Frictionstheilchen proportionale, ihre Quantität messende Grösse
zu verstehen. Unter dem Bewegungsmomente eines Complexes
von Frictionstheilchen ist dann später das Product ihrer Menge
in ihre Geschwindigkeit zu verstehen. Man könnte das *Maxwell*'sche Wort quantity statt mit »Menge« auch mit »Masse«
übersetzen, aber diese im selben Sinne auffassen, wie man
von magnetischen oder elektrischen Massen spricht, nicht im
mechanischen Sinne als Trägheitswiderstand, welcher den Frictionstheilchen nicht zugeschrieben wird, oder man könnte ihnen
sogar Masse im mechanischen Sinne zuschreiben, welche aber
dann gegen die der wirbelnden Materie unter allen Umständen
verschwinden müsste. Die Bezeichnungen »Bewegungsmoment,
Dichte« etc. würden sich dann natürlich am besten anschliessen.

26) *Zu S. 27.* $\varrho\,dS$ ist die Menge der Frictionstheilchen,
welche sich auf dem zwei Wirbel trennenden Flächenelemente

dS befinden. Erstreckt man die Summe $\Sigma \varrho\, dS$ über alle
Flächenelemente im Volumen $\overline{V}$, so erhält man die Gesammtmenge der Frictionstheilchen in $\overline{V}$. Diese Gesammtmenge ist
aber andererseits gleich $\varrho'\overline{V}$, wenn ϱ' die auf die Volumeneinheit entfallende Menge von Frictionstheilchen ist. Die mitt-
lere Geschwindigkeitscomponente u' der in $\overline{V}$ befindlichen
Frictionstheilchen in der Abscissenrichtung erhält man fol-
gendermaassen: Man multiplicirt die auf dS befindliche Menge
$\varrho\, dS$ von Frictionstheilchen mit ihrer Geschwindigkeitscomponente u in der Abscissenrichtung und bildet dann die Summe
$\Sigma u \varrho\, dS$ der so für alle in $\overline{V}$ liegenden Flächenelemente dS
gebildeten Producte. Die Summe $\Sigma u \varrho\, dS$ bezeichnet *Maxwell*
als das in der Abscissenrichtung geschätzte Bewegungsmoment
der in $\overline{V}$ enthaltenen Frictionstheilchen. Dividirt man sie durch
die Gesammtmenge $\varrho'\overline{V}$ dieser Frictionstheilchen, so erhält
man deren mittlere Geschwindigkeitscomponente u' in der
Abscissenrichtung. Es ist also:

1) $$u' = \frac{\Sigma u \varrho\, dS}{\varrho'\overline{V}}.$$

$u'\varrho'\overline{V}$ ist das Product der Gesammtmenge der in $\overline{V}$ enthaltenen Frictionstheilchen in deren mittlere Geschwindigkeits-
componente in der Abscissenrichtung, weshalb es soeben
als das in der Abscissenrichtung geschätzte Bewegungsmoment
dieser Frictionstheilchen bezeichnet wurde. Denkt man sich
ferner im Raume $\overline{V}$ ein ebenes Flächenstück vom Flächeninhalte 1 senkrecht zur Abscissenrichtung construirt, so sieht
man leicht, dass die Menge der Frictionstheilchen, welche
während der Zeit dt im Mittel durch dasselbe hindurchtreten,
gleich $\varrho' u' dt$ ist, da ϱ' deren Volumdichte und u' deren mittlere Geschwindigkeitscomponente in der Abscissenrichtung ist.
Die in der Zeiteinheit durch die senkrecht zur Abscissenrichtung gelegte Flächeneinheit im Mittel durchtretende Menge p
von Frictionstheilchen ist also gleich $\varrho' u'$, und die Gleichung
1 liefert

$$p\overline{V} = \Sigma u \varrho\, dS.$$

27) *Zu S. 27.* Die Werthe α_1, β_1, γ_1 beziehen sich auf
den ersten, α_2, β_2, γ_2 auf den zweiten der betrachteten Wirbel.

Der Werth des u in der sie trennenden Fläche dS wird also gefunden, wenn man in *Maxwell*'s Gleichung 27 setzt:

$$\beta = \beta_1, \; \gamma = \gamma_1, \; \beta' = \beta_2, \; \gamma' = \gamma_2, \; m = m_1 = -m_2,$$
$$n = n_1 = -n_2.$$

28) *Zu S. 28.* Es ist nämlich $ldS = \pm\, dy\,dz$, wobei das positive oder negative Zeichen gilt, je nachdem dS auf jenem Theile der· Begrenzungsfläche liegt, der ·der positiven oder negativen Abscissenrichtung zugewandt ist. In $\int l\,dS$, $\int ly\,dS$ und $\int lz\,dS$ heben sich je zwei Glieder, welche ein dS des einen Theiles und das gleichen y und z entsprechende dS des anderen Theiles liefert. Bezeichnet man die Abscisse des ersteren dS mit x_1, die des letzteren mit x_2, so ist das über eine geschlossene Fläche erstreckte Integrale

$$\int lz\,dS = \iint (x_1 - x_2)\,dy\,dz = \iiint dx\,dy\,dz,$$

also gleich dem von der geschlossenen Fläche eingeschlossenen Volumen. Statt des *Maxwell*'schen Zeichens Σ wurde hier das uns gewohntere Zeichen $\int$ gesetzt.

Das von *Maxwell* mit $\Sigma u\varrho\,dS$ bezeichnete Integrale, das wir Kürze halber I_1 nennen wollen, kann auch so gefunden werden. Es ist bloss über alle Trennungsflächen der Wirbel zu erstrecken, die im Innern des Raumes $\overline{V}$ liegen. Heben wir in dem Ausdrucke 31 alle Glieder wieder heraus, welche die Coordinaten x, y, z ohne Index enthalten, so kann I_1 auch so geschrieben werden:

$$1) \quad \left\{ \begin{aligned} I_1 = -\tfrac{1}{2}\int \varrho\,dS &\left[\frac{d\gamma}{dx}m_1 x_1 + \frac{d\gamma}{dy}m_1 y_1 + \frac{d\gamma}{dz}m_1 z_1 \right.\\ &\left. - \frac{d\beta}{dx}n_1 x_1 - \frac{d\beta}{dy}n_1 y_1 - \frac{d\beta}{dz}n_1 z_1 \right]. \end{aligned} \right.$$

Dabei sind x_1, y_1, z_1 die Coordinaten des Mittelpunktes irgend eines Wirbels, l_1, m_1, n_1 die Richtungscosinus der zu irgend einem Flächenelemente dieses Wirbels nach aussen gezogenen Normalen. Die Summation ist über alle in $\overline{V}$ liegenden Wirbel zu erstrecken. Von der Integration sind jedoch jene Flächenelemente auszuschliessen, welche nicht im Innern des Raumes $\overline{V}$ liegen, sondern diesen Raum begrenzen. Das analoge Integrale, über alle die letzteren Flächenelemente erstreckt, soll

I_2 heissen. Dann erhält man die Summe $I_1 + I_2$, indem man das Integrale 1 einfach über alle Flächenelemente aller Wirbel erstreckt. Bei der Integration über jeden einzelnen Wirbel kann ϱ und können die Coordinaten x_1, y_1, z_1 seines Mittelpunktes, sowie die Ableitungen von β und γ nach den Coordinaten vor das Integralzeichen gesetzt werden. Es bleiben dann nur Integrale von der Form $\int m_1 \, dS$ etc., welche alle verschwinden. Es ist daher $I_1 + I_2 = 0$. Im Integrale I_2, das über alle Oberflächenelemente des Raumes $\overline{V}$ zu erstrecken ist, kann ebenfalls ϱ und die Ableitungen von β und γ vor das Integralzeichen kommen. Für x_1, y_1, z_1 aber können die Coordinaten des Oberflächenelementes dS gesetzt werden, dessen Entfernung vom Mittelpunkte des betreffenden Wirbels offenbar klein gegen die Dimensionen des Volumens $\overline{V}$ ist, so dass $\int m_1 y_1 \, dS = \int n_1 z_1 \, dS = \overline{V}$ wird, während die übrigen Oberflächenintegrale wieder verschwinden. Es wird also nach 1:

$$I_2 = -\tfrac{1}{2}\varrho \,\overline{V}\left(\frac{d\gamma}{dy} - \frac{d\beta}{dz}\right)$$

und

$$I_1 = -I_2 = \tfrac{1}{2}\varrho \,\overline{V}\left(\frac{d\gamma}{dy} - \frac{d\beta}{dz}\right),$$

wie auch *Maxwell* findet.

Vielleicht ist noch eine kurze Andeutung des Ganges der Rechnung in einem speciellen Falle willkommen. Die Wirbel sollen die Gestalt von Würfeln von der Seitenlänge s haben, deren Kanten den Coordinatenaxen parallel sein sollen. Sie sollen bloss um Axen rotiren, welche der z-Axe parallel sind. Die Umfangsgeschwindigkeit γ soll Function der Coordinaten sein. $\overline{V}$ sei ein Würfel von der Seitenlänge Ns, seine Kanten seien denen der kleinen Würfel parallel. Er sei aber, obwohl N gross gegen 1 ist, noch immer so klein, dass γ darin nur wenig variirt. An den Seitenflächen der Wirbel, welche senkrecht auf der y-Axe stehen, haben die auf der einen (den negativen y zugewandten) Seite anliegenden Wirbeltheilchen die Geschwindigkeit $-\gamma$, die auf der anderen Seite anliegenden die Geschwindigkeit $\gamma + \dfrac{d\gamma}{dy}s$, daher die Frictionstheilchen die

Geschwindigkeit $u' = \dfrac{s}{2}\dfrac{d\gamma}{dy}$, welche das arithmetische Mittel beider ist, in der x-Richtung. Alle Seitenflächen aller Wirbel, welche senkrecht auf der y-Axe stehen und im Inneren des grossen Würfels $\overline{V}$ liegen, bilden $N-1$ Quadrate von der Seitenlänge Ns, welche jeden durch $\overline{V}$ senkrecht zur Abscissenrichtung gelegten Querschnitt in $N-1$ Geraden von der Länge Ns schneiden. Durch jede dieser Geraden treten die Frictionstheilchen mit der Geschwindigkeit u'. Es treten also durch jede dieser Geraden in der Zeiteinheit diejenigen Frictionstheilchen aus, die auf einer Fläche vom Flächeninhalte $u'Ns$ liegen und deren Menge $\varrho u'Ns$ ist. Wenn wir 1 gegen N vernachlässigen, können wir sagen, dass der zur Abscissenrichtung senkrechte Querschnitt des Würfels $\overline{V}$ im Ganzen N solche Gerade enthält, dass also durch ihn die Menge

$$\varrho u' N^2 s = \frac{\varrho}{2}\frac{d\gamma}{dy} N^2 s^2$$ von Frictionstheilchen, durch eine darauf construirte Fläche vom Flächeninhalte 1 aber die Menge $\frac{\varrho}{2}\frac{d\gamma}{dy}$ von Frictionstheilchen geht. Ebenso findet man, dass durch die Flächeneinheit des zur y-Richtung senkrechten Querschnittes die Menge $-\frac{\varrho}{2}\frac{d\gamma}{dx}$, dagegen durch eine zur z-Axe senkrechte Fläche die Menge Null geht. Berechnet man ebenso den Effect einer Drehung α um die x-Axe und einer Drehung β um die y-Axe, und superponirt die Effecte, so erhält man *Maxwell*'s Gleichung 33 mit den entsprechenden für die y- und z-Richtung.

29) *Zu S. 28.* Da die Menge oder Masse der Frictionstheilchen nie die Rolle eines mechanischen Trägheitswiderstandes spielt, also ihre Einheit von der Wahl aller anderen Einheiten vollkommen unabhängig ist, so kann man sagen, man wählt die Menge der auf der Fläche 2π befindlichen Frictionstheilchen als Mengeneinheit.

30) *Zu S. 29.* Darunter kann ein Molekül im Sinne der Molekulartheorie oder auch ein Volumelement, d. h. ein so kleiner Theil des Raumes verstanden werden, dass darin die der Erfahrung zugänglichen Grössen (Dichte, magnetische oder elektrische Kräfte etc.) nur verschwindend wenig variiren.

31) *Zu S. 31.* Der citirte Satz ist der bekannte *Green*sche Lehrsatz. Nach demselben ist, wenn φ_1 und φ_2 im

Unendlichen verschwinden und die bekannten Continuitätsbedingungen erfüllt sind:

$$
1) \begin{cases}
\int\mu\left(\frac{d\,\varphi_1}{dx}\cdot\frac{d\,\varphi_2}{dx}+\frac{d\,\varphi_1}{dy}\cdot\frac{d\,\varphi_2}{dy}+\frac{d\,\varphi_1}{dz}\cdot\frac{d\,\varphi_2}{dz}\right)dV= \\[2mm]
-\int\varphi_1\left[\frac{d}{dx}\left(\mu\,\frac{d\,\varphi_2}{dx}\right)+\frac{d}{dy}\left(\mu\,\frac{d\,\varphi_2}{dy}\right)+\frac{d}{dz}\left(\mu\,\frac{d\,\varphi_2}{dx}\right)\right]dV= \\[2mm]
-\int\varphi_2\left[\frac{d}{dx}\left(\mu\,\frac{d\,\varphi_1}{dx}\right)+\frac{d}{dy}\left(\mu\,\frac{d\,\varphi_1}{dy}\right)+\frac{d}{dz}\left(\mu\,\frac{d\,\varphi_1}{dz}\right)\right]dV.
\end{cases}
$$

Mittelst dieser und der beiden Gleichungen, die daraus folgen, wenn man einmal für φ_2 ebenfalls φ_1, das andere Mal für φ_1 ebenfalls φ_2 schreibt, erhält man unmittelbar aus *Maxwell*'s Gleichungen 35, 36 und 38 dessen Gleichung 40, ohne den Umweg über Gleichung 39, die man durch Vergleichung der letzten beiden Ausdrücke 1 erhält. Man braucht dabei auch nicht, wie es *Maxwell* thut, μ constant zu setzen.

Seien z. B. A_1 und A_2 zwei beliebige, in der Distanz D befindliche Punkte des Raumes, r_1 und r_2 die Entfernungen eines Aufpunktes von A_1, resp. A_2. Ueberall sei $\varphi_1=-\dfrac{m_1}{\mu\,r_1}$, bis auf einen kleinen A_1 umgebenden Raum, wo φ_1 beliebig aber continuirlich sei; ähnlich sei $\varphi_2=-\dfrac{m_2}{\mu\,r_2}$.

Dann ist (vergl. Anm. 17) $\int\mu\left(\dfrac{d^2\varphi_1}{dx^2}+\dfrac{d^2\varphi_1}{dy^2}+\dfrac{d^2\varphi_1}{dz^2}\right)dV$ sonst überall Null, über den kleinen A_1 umgebenden Raum erstreckt aber gleich $4\,\pi\,m_1$, und analoges gilt für φ_2. Die Grösse μ sei nun im Folgenden überall constant. Wenn α, β und γ die Ableitungen von $\varphi_1+\varphi_2$ sind, so sei die Gesammtenergie der Wirbel im ganzen unendlichen Raume um E_{12} grösser als die Summe der Energien, welche man erhält, wenn α, β, γ einmal durch die Ableitungen von φ_1, das andere Mal durch die von φ_2 allein gegeben sind. Dann ist:

$$
2)\ E_{12}=2\,C\mu\int\left(\frac{d\,\varphi_1}{dx}\cdot\frac{d\,\varphi_2}{dx}+\frac{d\,\varphi_1}{dy}\cdot\frac{d\,\varphi_2}{dy}+\frac{d\,\varphi_1}{dz}\cdot\frac{d\,\varphi_2}{dz}\right)dV.
$$

Durch partielle Integration nach der Methode *Maxwell*'s findet man:

$$
E_{12}=\frac{8\,\pi\,C\,m_1\,m_2}{\mu\,D}=-\,8\,\pi\,C\,m_2\,\varphi_1^{\,r_1=D},
$$

was man übrigens auch ohne partielle Integration durch.
directe Substitution von φ_1 und φ_2 in Gleichung 2 und Aus-
führung der Integration über den unendlichen Raum unter Gebrauch von Polarcoordinaten verificiren kann. Im Standardmedium ist $\mu = 1$. Soll daselbst die Energie, welche vermöge
der scheinbaren Abstossung der beiden Magnetpole sichtbar
gewonnen wird, wenn D um δD wächst, gleich der Abnahme
der unsichtbaren Energie des Mediums sein, so muss C den
Werth $\dfrac{1}{8\,\pi}$ haben.

32) *Zu S. 33.* Dieser Werth ist genau halb so gross,
als der in Formel 5 der Anmerkung 8 in einem speciellen
Falle durch directe Berechnung gefundene. Wenn hiermit
auch noch die Möglichkeit anderer specieller Fälle nicht wider-
legt ist, wo die lebendige Kraft den von *Maxwell* angegebenen
Werth hat, so ist doch sicher die Unrichtigkeit der *Maxwell*-
schen Schlussweise dargethan, welche, wenn sie richtig wäre,
in jedem speciellen Falle stimmen müsste.

Das Energieprincip könnte in den Fällen, wo die lebendige Kraft der Wirbel doppelt so gross ist, als sie *Maxwell*
findet, folgendermassen gewahrt bleiben: bei Annäherung zweier
Wirbelsysteme, welche gleichnamige Magnetismen darstellen,
bliebe die Quantität der letzteren nicht unverändert, sondern
nähme in dem Maasse ab, dass der Zuwachs der lebendigen
Kraft des Mediums nur die Hälfte von dem wäre, der bei
gleicher Verschiebung ohne Aenderung ihrer Quantität ein-
träte. Doch wäre die Aufstellung eines Gesetzes für diese
Abnahme schwer, da dadurch bei Annäherung zweier magnetischer Systeme auch deren Selbstpotential geändert würde.

Uebrigens ist in der Theorie *Maxwell*'s, wie er sie später
ausbildete, freier Magnetismus überhaupt nicht möglich und
sind die Magnetismen permanenter Magnete stets durch Solenoid-
enden zu ersetzen (vergl. Anm. 36 und *Wied.* Ann. Bd. 48,
S. 100). Natürlich hängen vom Coefficienten des Ausdruckes
für die lebendige Kraft auch die numerischen Coefficienten
der daraus abgeleiteten Gleichungen *Maxwell*'s 54, 62, 76,
77 etc. ab.

33) *Zu S. 33.* Auf ein Frictionstheilchen üben die beiden
Wirbel, in die es eingreift, an den beiden Enden eines Durchmessers je eine Tangentialkraft aus. Diese beiden Tangentialkräfte können nur unendlich wenig verschieden sein, da das

·Frictionsmolekül kein Trägheitsmoment hat, also das darauf
wirkende Kräftemoment bezüglich jeder durch den Mittelpunkt
gehenden Axe verschwinden muss. Ihre Resultirende kann
man sich im Mittelpunkte des Frictionstheilchens angreifend
denken. Alle derartigen Resultirenden, welche auf die Mengeneinheit der Frictionstheilchen wirken, haben zusammen in den
Coordinatenrichtungen die Componenten P, Q, R. Da die
Frictionsmoleküle massenlos sind, so leisten diese Kräfte in
Leitern dem Widerstande das Gleichgewicht, welcher daselbst
auf die Frictionsmoleküle wirkt, ihren Geschwindigkeitscomponenten p, q, r proportional ist und als dessen Angriffspunkt
man sich natürlich wieder den Mittelpunkt des betreffenden
Frictionstheilchens denken kann. In vollkommenen Isolatoren
sind die Mittelpunkte der Frictionstheilchen unbeweglich und
die Kräfte, welche sie festhalten, leisten den Kräften P, Q, R
das Gleichgewicht. Bei dem in § 8 der Anm. 57 besprochenen
Bilde leisten die Kräfte P, Q, R in leitenden Dielektricis, dem
Widerstande das Gleichgewicht, welchen die Frictionstheilchen
beim Gleiten an den Zellwänden finden, welcher wieder der
Elasticität der Zellwände das Gleichgewicht hält. In absoluten Isolatoren aber leistet letztere Elasticität direct den
Kräften P, Q, R das Gleichgewicht.

Die Kräfte, welche etwa auf das Frictionstheilchen in der
Richtung des Durchmessers wirken, welcher die beiden Berüh-
rungspunkte mit den beiden benachbarten· Wirbeln verbindet,
zieht *Maxwell* nicht in Betracht, da sie weder auf die Bewegung
der Wirbel, noch auf die der Frictionstheilchen von Einfluss sind.

34) *Zu S. 34.* Jetzt sind nämlich u, v, w die Componenten
der Geschwindigkeit der ganz nahe an der Oberfläche des Wirbels liegenden Volumelemente desselben, also die in 26a zu-
sammengestellten Grössen, nicht aber die durch 27 bestimmten
Geschwindigkeitscomponenten der Frictionstheilchen. In Formel
48 wird angenommen, dass x, y, z klein sind, dass also der
Coordinatenanfangspunkt im Mittelpunkte des Wirbels oder
doch diesem sehr nahe liegt. Man kann ja speciell für die
Durchführung dieser Rechnung ein beliebiges Coordinatensystem benutzen, da im Schlussresultate derselben das Coordinatensystem nicht mehr vorkommt.

Bezüglich der Formeln 48a und 48b vergleiche Anm. 22
und 28.

Jeder Wirbel ist dabei wie in Satz V auch in der Richtung seiner Axe als begrenzt zu betrachten. Die Frictions-

theilchen, welche auf einer der Begrenzungsflächen liegen,
die senkrecht zur Axe stehen, müssten sich in kleinen geschlossenen Bahnen bewegen und dabei keinen Widerstand erfahren, oder es müssten diese Begrenzungsflächen klein gegen
die übrige Wirbeloberfläche sein. Im letzteren Falle aber
müsste wieder die Zelleintheilung für jede besondere Feldrichtung verschieden gemacht werden. (Vergl. Anm. 57, § 2.)

35) *Zu S. 35.* Dabei ist noch obendrein vorausgesetzt,
dass die Gleichungen für $\dfrac{d\alpha}{dt}, \dfrac{d\beta}{dt}$ und $\dfrac{d\gamma}{dt}$ die undifferentiirten
Grössen α, β, γ nicht enthalten, so dass die Werthe der
Differentialquotienten der α, β, γ nach der Zeit nicht von
den Absolutwerthen derselben, sondern bloss von der Vertheilung der P, Q, R abhängen*), wie man z. B. in der Mechanik
oft annimmt, dass die Beschleunigungen nicht von den Geschwindigkeiten, sondern blos von der Configuration abhängen.
Eine von einer solchen Nebenannahme freie Begründung der
Gesammtheit der *Maxwell*'schen Gleichungen werde ich in
Anm. 57, § 9 andeuten.

36) *Zu S. 36.* Schon hier ist durch die Gleichung 56
die Bedingung ausgesprochen, dass die Dichte des wahren
Magnetismus überall Null ist (vergl. Anm. 45 und Schluss der
Anm. 32).

37) *Zu S. 39.* Wenn die Richtung der Geschwindigkeit
jedes Punktes in jedem Momente bestimmt und die Geschwindigkeit jedes Punktes eine eindeutige (lineare) Function der
Geschwindigkeit des Antriebspunktes ist, so kann ja jeder
Punkt als Antriebspunkt gewählt werden. Würde nur auf den
als Antriebspunkt gewählten Punkt eine bestimmte Kraft und
auf keinen anderen Punkt der Maschine sonst eine Kraft wirken,
so würde diese in bestimmter Weise in Bewegung gerathen.
Die Masse, welche der erstere Punkt haben müsste, wenn sonst
die ganze Maschine massenlos wäre und durch die gleiche
Kraft in die gleiche Bewegung gerathen sollte, ist ihr auf
diesen Punkt reducirtes Moment.

Durch ähnliche allgemeine mechanische Betrachtungen,
wie sie *Maxwell* hier anstellt, wurde er zur Theorie geführt,

---

*) In analoger Weise glaubt *Maxwell* im Treatise II 561 ohne
besondere Nebenannahme aus der Gleichung der lebendigen Kraft
allein eine Reihe von Gleichungen gewinnen zu können. worauf
schon *J. J. Thomson* in einer Fussnote zur citirten Stelle in der
3. Auflage hinwies.

die er in seiner Abhandlung über die dynamische Theorie des
elektromagnetischen Feldes entwickelt.

38) *Zu S. 40.* Die Orientirung (englisch position) ist hier so zu
definiren: Man betrachte die Theilchen, welche in irgend einer
einer Hauptdilatationsrichtung parallelen Geraden liegen. Jede
Aenderung der Richtung der aus diesen Theilchen gebildeten
Geraden im Raume soll eine Orientirungsänderung heissen.
Dieselbe wirkt geradeso auf die Wirbeldrehung, wie die Drehung des Gestells oder Gehäuses eines Gyroskops auf die Rotation des darin enthaltenen Kreisels.

39) *Zu S. 41.* Hier könnte man wieder das Bedenken
erheben, ob wirklich α, β, γ als independent betrachtet werden
können (vergl. Anm. 35). Dieses Bedenken trifft nur die Be-
weisführung. Dagegen würde man statt *Maxwell's* Gleichung
62 die folgende erhalten:

$$1) \qquad\qquad \delta\alpha = \frac{\alpha\,\delta x}{2x} \text{ etc.,}$$

wodurch dann auch die folgenden Rechnungen *Maxwell's* bis
incl. Formel 77 nicht mehr stimmen würden, wenn man von
dem in Formel 5 der Anm. 8 angegebenen Werthe der lebendigen Kraft Gebrauch machen und mit *Maxwell* μ constant
setzen würde. Die Wichtigkeit des Gegenstandes mag es entschuldigen, wenn hier noch zwei Beispielen Raum gegönnt wird.

Beispiel 1. In zahlreichen, gleich beschaffenen Wirbeln
mit parallelen Axen, welche die Gestalt gerader Kreiscylinder
haben, soll die Flüssigkeit mit constanter Winkelgeschwindigkeit ω rotiren. Die Länge der Axen der Wirbel heisse x,
der Radius ihres Querschnittes a, so dass ihre Umfangsgeschwindigkeit

$$2) \qquad\qquad \alpha = \omega\,a$$

ist. p_0 sei der Druck in der Axe eines Wirbels, p der in
der Entfernung r von der Axe. Dann ist bekanntlich

$$p = p_0 + \frac{\varrho\,\omega^2 r^2}{2}.$$

Wir betrachten denjenigen hohlcylinderförmigen Theil eines
Wirbels, für welchen r zwischen r_1 und r_2 liegt. Auf seine
Innenfläche wirkt der Druck

$$p_1 = p_0 + \frac{\varrho\,\omega^2 r_1^2}{2},$$

auf seine Aussenfläche

$$p_2 = p_0 + \frac{\varrho\,\omega^2 r_2^2}{2}.$$

Der gesammte (nicht auf die Flächeneinheit bezogene) Druck auf Basis oder Gegenfläche des Hohlcylinders ist

$$P = \int_{r_1}^{r_2} p \cdot 2\pi r\,dr = \pi p_0\,(r_2^2 - r_1^2) + \frac{\pi\varrho\,\omega^2}{4}\,(r_2^4 - r_1^4).$$

Die lebendige Kraft der im Hohlcylinder enthaltenen Flüssigkeit ist

$$E = \int_{r_1}^{r_2} \pi^2\varrho\,\omega^2 x r^3\,dr = \frac{\pi\varrho x\omega^2}{4}\,(r_2^4 - r_1^4).$$

Nun soll x um δx wachsen. Wegen der Incompressibilität der Flüssigkeit ist

3) $$\frac{\delta x}{x} = -\frac{2\,\delta a}{a} = -\frac{2\,\delta r_1}{r_1} = -\frac{2\,\delta r_2}{r_2}.$$

Daher

$$\delta E = -\frac{\pi\varrho\,\omega^2}{4}\,(r_2^4 - r_1^4)\,\delta x + \frac{\pi\varrho\,\omega\,\delta\omega}{2}\,(r_2^4 - r_1^4).$$

Die gegen den Druck geleistete Arbeit ist

$$\delta W = \pi r_2^2 p_2\,\delta r_2 - \pi r_1^2 p_1\,\delta r_1 + P\delta x =$$
$$= -\frac{\pi\varrho\,\omega^2\,\delta x}{4}\,(r_2^4 - r_1^4).$$

Die Gleichung $\delta E + \delta W = 0$ liefert also

4) $$\frac{\delta\omega}{\omega} = \frac{\delta x}{x}.$$

Es ändert sich also die Wirbelgeschwindigkeit genau proportional der Länge der Wirbelaxe, entsprechend dem am Schlusse der Anm. 43 citirten *Helmholtz*'schen Satze über Wirbelbewegung. Da dies für jeden Werth von r_1 und r_2, also für beliebig kleine Unterschiede dieser beiden Grössen gilt, so folgt, dass nach der Deformation der Wirbel fortfährt, sich wie ein

8*

starrer Körper mit constanter Winkelgeschwindigkeit zu drehen, auch wenn ihm keine Starrheit zukommt. Die Umfangsgeschwindigkeit α ändert sich aber nach einem anderen Gesetze als die Winkelgeschwindigkeit ω. Es ist nämlich nach Gleichung 2:

$$\frac{\delta \alpha}{\alpha} = \frac{d\omega}{\omega} + \frac{\delta a}{a}.$$

Daher nach 3 und 4:

$$\frac{\delta \alpha}{\alpha} = \frac{\delta x}{2x}$$

übereinstimmend mit Formel 1 dieser Anmerkung und im Gegensatze zu *Maxwell*'s Gleichung 62.

Die zwischen den Wirbeln etwa ruhende Flüssigkeit enthält keine lebendige Kraft, leistet aber auch keine Arbeit, da der Druck daselbst überall gleich und das Volumen constant ist. Durch diese Flüssigkeit erfährt also die Energiebilanz keine Aenderung.

Beispiel 2. Um zu beweisen, dass auch, wenn ein Geschwindigkeitspotentiale existirt, die Gleichung 1 dieser Anmerkung, nicht aber *Maxwell*'s Gleichung 62 gilt, betrachten wir Wirbel, welche die Gestalt von geraden Hohlcylindern haben. Ihre Querschnitte seien Kreise vom inneren Radius b und äusseren Radius a. Innerhalb und zwischen denselben sei ruhende Flüssigkeit. Die Flüssigkeit soll in den Wirbeln so rotiren, dass ein Geschwindigkeitspotentiale existirt. Die Geschwindigkeit in der Entfernung r von der Wirbelaxe ist dann $\frac{c}{r}$. Der Druck daselbst ist $p = p_\infty - \frac{\varrho\, c^2}{2\, r^2}$, wobei p_∞ eine Integrationsconstante ist. Der auf die Flächeneinheit bezogene Druck ist daher für die innere und äussere Mantelfläche $p_b = p_\infty - \frac{\varrho\, c^2}{2\, r^2}$ und $p_a = p_\infty - \frac{\varrho\, c^2}{2\, r^2}$.

Der Gesammtdruck auf die ringförmige Basis oder Gegenfläche (nicht auf die Flächeneinheit bezogen) ist

$$P = \int_a^b 2\,\pi\, r\, dr \left(p_\infty - \frac{\varrho\, c^2}{2\, r^2}\right) = \pi\,(a^2 - b^2)\, p_\infty - \pi\, \varrho\, c^2\, l\!\left(\frac{a}{b}\right),$$

wobei l den natürlichen Logarithmus bezeichnet. Die lebendige Kraft eines Wirbels ist

$$E = \int_b^a 2\pi x r dr \frac{\varrho c^2}{2 r^2} = \pi x r c^2 l \left(\frac{a}{b}\right).$$

Wächst x um δx, so sind wieder wegen der Incompressibilität der Flüssigkeit sowohl des Hohlcylinders als auch innerhalb desselben die dazu gehörigen Zuwächse von a und b

$$\delta a = -\frac{a\delta x}{2x}, \quad \delta b = -\frac{b\delta x}{2x}.$$

Die Gesammtarbeit der auf den Hohlcylinder wirkenden Druckkräfte ist

$$\delta W = 2\pi axp_a \delta a - 2\pi bxp_b \delta b + P\delta x = -\pi\varrho c^2 \delta x l \left(\frac{a}{b}\right).$$

Ist δc der Zuwachs von c, so wächst E um

$$\delta E = 2\pi a^2 x\varrho \frac{c}{a} \delta\left(\frac{c}{a}\right) l\left(\frac{a}{b}\right) = 2\pi a^2 x\alpha \delta\alpha l\left(\frac{a}{b}\right).$$

Es ist also wieder $\delta\alpha = \frac{\alpha \delta x}{2x}$, und es kann auch hier kein Zweifel obwalten, dass nach der Deformation die Flüssigkeitsbewegung wieder ein Geschwindigkeitspotential hat.

Sei q der Querschnitt der auf einen Wirbel entfallenden, ruhenden, zwischen den Wirbeln liegenden Flüssigkeit, in welcher der Druck

$$p_1 = p_\infty - \frac{\varrho c^2}{2 a^2} = p_\infty - \frac{\varrho \alpha^2}{2}$$

herrscht. Der gesammte Querschnitt eines Wirbels sammt der dazu gehörenden ruhenden Flüssigkeit ist $\pi a^2 + q$. Der gesammte Druck auf den innerhalb des Wirbels liegenden Kreis von der Fläche πb^2 ist $\pi b^2 \left(p_\infty - \frac{\varrho c^2}{2 b^2}\right)$, der auf den kreisringförmigen Querschnitt des Wirbels P, der auf die Fläche q aber $q\left(p_\infty - \frac{\varrho c^2}{2}\right)$. Daher ist der mittlere Druck in der Richtung der Wirbelaxe:

$$p_2 = p_\infty - \frac{\varrho\,\alpha^2}{2} - \frac{\pi\,a^2}{\pi\,a^2 + q}\,\varrho\,\alpha^2\,l\left(\frac{a}{b}\right) = p_4 - \frac{\pi\,a^2}{\pi\,a^2 + q}\,\varrho\,\alpha\,l^2\left(\frac{a}{b}\right).$$

Es ist daher $p = \dfrac{4\,\pi^2\,a^2}{\pi\,a^2 + q}\,l\left(\dfrac{a}{b}\right).$

40) *Zu S. 41.* *Maxwell* nimmt hier an, dass sich die
drei Axen, um welche die drei Rotationen α, β und γ statt-
finden und welche anfangs den Coordinatenaxen parallel waren,
mit dem Volumelemente xyz mitdrehen. Nach der Verdrehung des letztern bildet also die Axe, um welche die Rotation β geschieht, mit der positiven Abscissenaxe den Winkel
$90 + \vartheta_3$, dessen Cosinus $-\vartheta_3$ ist, mit der positiven z-Axe
abèr den Winkel $90^\circ - \vartheta_1$, dessen Cosinus ϑ_1 ist. Die Rotation β hat also nach der Verdrehung des Volumelementes
xyz in der x-Richtung die Componente $-\vartheta_3\beta$, in der z-
Richtung die Componente $\vartheta_1\beta$. Dass sich auch β unendlich
wenig geändert hat, liefert hierbei nur unendlich kleines höherer
Ordnung. Die gleiche Idee, welche *Maxwell*'s Annahme, dass
die Axen der Rotationen α, β, γ sich mit dem Volumelemente xyz mitdrehen, zu Grunde liegt, drückt *Hertz* dadurch
aus, dass er sagt, die Kraftlinien werden von der Bewegung
der ponderabeln Materie mitgenommen (vergl. Anm. 43).

41) *Zu S. 42.* x, y, z sind die Kanten eines beliebigen
Volumelementes, x', y', z' die eines Volumelementes, das so
liegt, dass seine Kanten den Hauptdilatationsrichtungen (vergl.
nächste Anmerkung) parallel sind. $\delta x'$, $\delta y'$, $\delta z'$ sind die Verlängerungen der drei Kanten x', y', z'. Ebenso sind δx, δy, δz,
wo sie nicht nochmals nach x, y oder z differentiirt erscheinen,
die Verlängerungen der mit x, y, z bezeichneten Kanten. Wo
aber, wie in Formel 68 oder in den Ausdrücken, denen diese
Anmerkung beigefügt ist, die Variationen der Coordinaten nochmals nach den Coordinaten differentiirt erscheinen, ist die Bedeutung der Buchstaben plötzlich eine total verschiedene. Jetzt
sind x, y, z die Coordinaten einer Ecke des Elementarparallelepipedes, dx, dy, dz dessen Kanten. δx, δy, δz sind
die Verschiebungen in den Coordinatenrichtungen, welche die
Ecke mit den Coordinaten x, y, z bei der Deformation er-
fährt, $\delta x + \dfrac{d\delta x}{dx}\,dx$, $\delta y + \dfrac{d\delta y}{dx}\,dx$, $\delta z + \dfrac{d\delta z}{dz}\,dz$ sind die
gleichen Verschiebungen für die Ecke, die ursprünglich die
Coordinaten $x + dx$, y, z hatte etc., so dass jetzt die Grösse,

die früher einfach δx hiess, mit $\dfrac{d\delta x}{dx}\,dx$ bezeichnet werden

müsste. Die Grösse, welche in der ersten Bezeichnung $\dfrac{\delta x}{x}$

heisst, heisst in der zweiten $\dfrac{d\delta x}{dx}$.

42) *Zu S. 42.* Diese Formeln sind dieselben, welche *Kirchhoff* in seinen Vorlesungen über Mechanik in der zehnten Vorlesung als Formeln 21 und 22 mit freilich ganz anderer Bezeichnung anführt. Dort findet sich auch alles Nähere über Hauptdilatationen, Darstellung jeder Deformation durch drei Dehnungen und drei Drehungen etc.

43) *Zu S. 43.* Diese Formel wird von *Hertz* in dessen »Grundgleichungen der Elektrodynamik für bewegte Körper« sehr einfach dahin gedeutet, dass bewegte Körper die Kraftlinien mit sich nehmen, wofür aber, wenn μ veränderlich wäre, die Inductionslinien zu setzen wären. Durch die Seitenfläche $dy\,dx$ des Elementarparallelepipedes $dx\,dy\,dz$ gehen vor der Deformation $\alpha\,dy\,dx$ Kraftlinien. Da diese bei der Deformation mitgenommen werden, gehen sie nach derselben durch das Flächenelement, welches durch die Deformation aus $dy\,dx$ entstanden ist und den Flächeninhalt $dy'\,dz'$ haben soll. Durch die Flächeneinheit gehen daher jetzt $\dfrac{\alpha\,dy\,dx}{dy'\,dz'}$ Kraftlinien, und die Vermehrung, welche deren Zahl durch diese Ursache erfuhr, ist:

$$\delta_1\alpha = \alpha\left(\frac{dy\,dz}{dy'\,dz'} - 1\right).$$

Die Kante dx des Parallelepipedes hat durch die Deformation die Länge $dx' = \left(1 + \dfrac{d\delta x}{dx}\right)dx$ angenommen. Wegen der Incompressibilität der Flüssigkeit ist $dx'\,dy'\,dz' = dx\,dy\,dz$, daher:

$$\frac{dy\,dz}{dy'\,dz'} = \frac{dx'}{dx} = 1 + \frac{d\delta x}{dx}\,, \quad \delta_1\alpha = \alpha\,\frac{d\delta x}{dx}\,.$$

Ferner entfernt sich bei der Deformation der eine Endpunkt der Kante dy des Parallelepipedes $dx\,dy\,dz$ um das Stück δx von der Ebene, in der ursprünglich das Flächenelement $dy\,dz$

lag, der andere aber um das Stück $\delta x + \dfrac{d\delta x}{dy} dy$. Daher macht nach der Deformation die Kante dy mit der yz-Ebene den Winkel $\dfrac{d\delta x}{dy}$. Da die der magnetischen Kraft β entsprechenden Kraftlinien diese Drehung mitmachen, so gehen davon nach der Deformation $\beta \dfrac{d\delta x}{dy} dy dz$ durch $dy dz$, während vor der Deformation keine hindurchgingen. Der dadurch bewirkte Zuwachs der Zahl der durch die Flächeneinheit gehenden Kraftlinien ist also

$$\delta_2 \alpha = \beta \frac{d\delta x}{dz}.$$

Ebenso erleidet α durch die Drehung der Kraftlinien, welche der magnetischen Kraft γ entsprechen, den Zuwachs

$$\delta_3 \alpha = \gamma \frac{d\delta x}{dz}.$$

Die Summe aller drei Zuwächse liefert *Maxwell*'s Formel 68. Man könnte diese Formel also wohl auch dadurch gewinnen, dass man annähme, dass die Wirbel, ohne selbst eine Deformation zu erfahren, durch die Vergrösserung von $dy dz$ weiter auseinanderrücken und ausserdem mitgedreht werden. Dies wäre z. B. der Fall, wenn die Wirbelbewegung in kleineren, kugelförmigen, in das Medium eingestreuten Hohlräumen vor sich ginge, deren Gestalt und Grösse unveränderlich wäre, die sich aber mit dem Medium fortbewegten und drehten. Man könnte so vielleicht die in Anm. 39 besprochene Schwierigkeit beseitigen. Nach demselben Gesetze ändern sich gemäss *Helmholtz*'s bekannten Untersuchungen die Componenten der Winkelgeschwindigkeit in den Wirbeln einer reibungslosen Flüssigkeit. (Vergl. *Maxwell* Treatise II. 822.)

44) *Zu S. 43.* Hier ist $\delta\alpha$ die Veränderung von α während der Zeit δt in einem Punkte, der sich mit dem bewegten Körper mitbewegt, $d\alpha$ der Zuwachs von α während der Zeit dt in einem fixen Punkte des Raumes, $\dfrac{d}{dx}$ etc. sind Differentialquotienten bei constanter Zeit. $\dfrac{dx}{dt}$ etc. sind die

Geschwindigkeitscomponenten des fraglichen Punktes des Körpers, in der Hydrodynamik gewöhnlich mit u, v, w bezeichnet.

45) *Zu S. 44.* Diese Gleichung ist in dem von *Maxwell* betrachteten Falle der Abwesenheit von wahrem Magnetismus (vergl. Anm. 36 und Schluss der Anm. 32) mit der ersten der Gleichungen 1a in *Hertz'* »Grundgleichungen der Elektrodynamik für bewegte Körper« identisch. Denn die *Maxwell'*schen Grössen

$$P, Q, R, \mu\alpha, \mu\beta, \mu\gamma, \frac{dx}{dt}, \frac{dy}{dt}, \frac{dz}{dt} \text{ und } \frac{\mu\,d\alpha}{dt} = \frac{d^2 G}{dz\,dt} - \frac{d^2 H}{dy\,dt}$$

bezeichnet *Hertz* der Reihe nach mit X, Y, Z, $\mathfrak{L}$, $\mathfrak{M}$, $\mathfrak{N}$, $-\alpha$, $-\beta$, $-\gamma$, $\frac{d\mathfrak{L}}{dt}$. *Hertz* gebraucht das französische Coordinatensystem. In dem von *Maxwell* betrachteten Falle, dass nirgends wahrer Magnetismus ist, muss *Hertz* schreiben:

$$\frac{d\mathfrak{L}}{dx} + \frac{d\mathfrak{M}}{dy} + \frac{d\mathfrak{N}}{dz} = 0,$$

wofür *Maxwell* allerdings schreibt:

$$\frac{d\alpha}{dx} + \frac{d\beta}{dy} + \frac{d\gamma}{dz} = 0,$$

da er μ constant setzt.

Die analogen Gleichungen für die durch Bewegung im elektrischen Felde bewirkten magnetisirenden Kräfte hat *Maxwell* nicht entwickelt, vielleicht theils weil die Anwendung seiner Methode auf die elektrischen Spannungen statt auf die Wirbel nicht so nahe lag, theils auch weil *Maxwell* die Gleichungen 76 und 77 hauptsächlich zum Zwecke der Berechnung der Inductionswirkung auf im magnetischen Felde bewegte Stromleiter ableitet, deren Gegenstück, die magnetisirende Wirkung auf Eisen, das sich im elektrischen Felde bewegt, wenig in Betracht kommt.

Der Eindruck, den es macht, diese für unsere ganze Naturanschauung bahnbrechenden Gleichungen hier zum ersten Male vor uns zu sehen, wird dadurch noch erhöht, dass *Maxwell* nicht ein Wort über ihre Bedeutung verliert, die er sicher ahnte, wenn er sie auch nicht so klar erkannte wie wir jetzt.

46) *Zu S. 45.* Nach der auch in Anm. 22 und 34 benutzten Formel für den Cosinus des Winkels zwischen der Abscissenrichtung (der Feldrichtung) und einer Geraden, die senkrecht steht auf folgenden zwei anderen Geraden: 1. der Gerade S mit den Richtungscosinus l, m, n; 2. der Geraden, deren

Richtungscosinus $\dfrac{dx}{dt}$, $\dfrac{dy}{dt}$, $\dfrac{dz}{dt}$ proportional sind (der Bewegungsrichtung).

47) *Zu S. 45.* Da $\mu\alpha$ die Zahl der Kraftlinien (besser Inductionslinien) ist, welche durch die zur Abscissenaxe senkrecht construirte Flächeneinheit gehen, so giebt 79 die Zahl der Kraftlinien, welche durch die vom Leiter S in der Zeiteinheit durchstrichene Fläche gehen.

48) *Zu S. 50.* Hierzu bemerkte der Uebersetzer gelegentlich, dass unsere Naturerkenntniss durch diese Arbeiten *Maxwell*'s in der That gefördert wurde. Wenn an anderen Stellen *Maxwell* von seinen Zellen wie von etwas zweifellos in der Natur wirklich existirendem spricht (z. B. S. 77), so geschieht dies offenbar nur, weil er nicht zu oft wiederholen will, dass es sich um eine mechanische Analogie handelt.

49) *Zu S. 51.* Dies ist wohl bei Wirbeln mit kreisförmigem, aber kaum bei solchen mit sechseckigem oder quadratischem Querschnitte in aller Strenge erfüllbar. (Vergl. die Anm. 8, 23 und 24).

50) *Zu S. 52.* Auf Ausnahmen hiervon, welche bei der Fortpflanzung der elektrischen Kraft auftreten, haben *Hertz* und *Helmholtz* hingewiesen. Berl. Ber. 6. Juli 1893; *Wied.* Ann. 53, S. 135; *Helmholtz'* gesammelte Abhandlungen III, S. 526.

51) *Zu S. 52.* Die später von *Thomson* und *Tait, Helmholtz, Zöllner* etc. discutirte Frage nach der Verträglichkeit des *Weber*'schen Gesetzes mit dem Energieprincipe wird also hier schon von *Maxwell* aufgeworfen. (Vergl. Klass. 69, S. 70 und Anm. 48.)

52) *Zu S. 58.* Es sind dies die bekannten Elasticitätsgleichungen. (Bezüglich derselben sowie der Formel 97a für die elastische Arbeit und der zwischen Gleichung 107 und 110 eingefügten Bemerkung vergl. die in Anm. 4 citirten Werke über Elasticitätslehre, vergl. auch Satz II.) Der Zellinhalt (Wirbel) wird jetzt als ein gewöhnlicher elastischer Körper behandelt, in dessen Innerem die elastischen Kräfte p_{xx} etc. nach denselben Gesetzen wirken, nach denen früher die mit gleichen Buchstaben bezeichneten Kräfte im ganzen Medium wirkten. Ueber die Möglichkeit, dass sich ein elastischer Körper theilweise wie ein flüssiger verhalte, vergl. Anm. 57, § 3.

53) *Zu S. 59.* Nach den in Anm. 10) citirten Formeln für die elastischen Kräfte auf ein gegen die Coordinatenaxen

geneigtes Flächenelement. Es ist wichtig, zu bemerken, dass die von aussen auf die Kugel wirkende Tangentialkraft, wenn T positiv ist, in dem Sinne wirkt, dass ihre der x-Axe parallele Componente die negative x-Richtung hat, ihre darauf senkrechte Componente aber nach aussen wirkt.

54) *Zu S. 61.* $\varrho R \partial S$ ist nach Satz VII die Kraft, welche in der positiven x-Richtung von den Wirbeltheilchen auf die Frictionstheilchen ausgeübt wird, welche dem Flächenelemente ∂S der Zelle angehören, $\varrho R \partial S$ sind deren Componente tangential zur Zelle. Die Kraft, welche dieselben Frictionstheilchen auf die der einen Seite des Flächenelementes ∂S anliegenden Wirbeltheilchen in derselben tangentialen Richtung ausüben, muss (ebenfalls nach Satz VII) halb so gross und entgegengesetzt gerichtet sein. Letztere Kraft ist aber die von aussen auf die betreffenden Wirbeltheilchen wirkende Tangentialkraft, also das Product von ∂S in die in Gleichung 88, 89 und 91 mit T bezeichnete Grösse. Da nach dem am Schlusse der vorigen Anmerkung Gesagten letztere Kraft ohnedies im entgegengesetzten Sinne wie die Kraft $\varrho R \partial S \sin \vartheta$ gezählt ist, so ist also $\frac{1}{2} \varrho R \partial S \sin \vartheta = T \partial S$. Die andere Hälfte der Kraft $\varrho R \partial S \sin \vartheta$ wirkt auf den der anderen Seite des Flächenelementes ∂S anliegenden Wirbel. Darüber, dass er die früher als Prismen von sechseckigem Querschnitte betrachteten Wirbel nun als Kugeln ansieht, tröstet sich *Maxwell* damit, dass beide Formen so weit ähnlich sind, dass höchstens der numerische Coefficient für beide ein wenig verschieden ausfallen würde.

55) *Zu S. 61.* Die Summe, die man erhält, wenn man die Menge der Frictionstheilchen, die jedem Oberflächenelemente aller in einem Raume enthaltenen Trennungsflächen zweier Wirbel anliegen, mit der Componente ihrer Verschiebung in der x-Richtung multiplicirt und die so für alle diese Oberflächenelemente gebildeten Producte addirt, wollen wir das Verschiebungsmoment aller dieser Frictionstheilchen in der x-Richtung nennen. Die von *Maxwell* mit h bezeichnete Grösse ist dann dieses Verschiebungsmoment aller in der Volumeneinheit enthaltenen Frictionstheilchen. Andererseits ist das Verschiebungsmoment der in allen einen Wirbel umgrenzenden Zellwänden liegenden Frictionstheilchen gleich dem Doppelten der Summe 101, also gleich

$$\Sigma \partial S \varrho t \sin \vartheta .$$

Bildet man die letztere Summe für alle in einem beliebigen

Volumen V enthaltenen Wirbel, deren Gesammtzahl N sei, und addirt alle diese Summen, so erhält man

1) $$N \Sigma \delta S \varrho \, t \sin \vartheta \, ,$$

so lange V so klein ist, dass sich alle darin enthaltenen Wirbel nahe gleich verhalten. Dabei hat man aber jedes Flächenelement der in V enthaltenen Zellwände doppelt gezählt, einmal als Grenze des einen, das andere Mal als Grenze des anderen anliegenden Wirbels. Das ganze in der x-Richtung geschätzte Verschiebungsmoment H der in V enthaltenen Frictionstheilchen ist also die Hälfte des Ausdrucks 1. Die daselbst durch das Zeichen Σ angedeutete Integration ist leicht auszuführen. Für δS kann man die Kugelzone wählen, die zwischen zwei den Winkeln ϑ und $\vartheta + d\vartheta$ entsprechenden Parallelkreisen liegt und deren Flächeninhalt $\delta S = 2\pi a^2 \sin \vartheta \, d\vartheta$ ist. Substituirt man noch für t den Werth 97, so wird

$$\Sigma \delta S \varrho \, t \sin \vartheta = 2\pi \varrho a^4 e \int_0^\pi \sin^3 \vartheta \, d\vartheta = \tfrac{4}{3} a^4 e,$$

daher

2) $$H = \tfrac{2}{3} N a^4 e \, .$$

Wenn man die zwischen den kugelförmigen Zellen liegenden Räume vernachlässigt, so hat der Raum V das Volumen $V = \dfrac{4\pi}{3} N a^3$, und da h das auf die Volumeinheit bezogene Verschiebungsmoment ist, so hat man $H = Vh$, was, mit dem Werthe 2 verglichen, den *Maxwell*'schen Werth 103 für h liefert. · Auf die Zellkörper wendet *Maxwell* bei Ableitung dieser Gleichung immer die Gleichgewichtsgleichungen der Elasticitätslehre an, was nur erlaubt ist, wenn sich h so langsam ändert, dass die kinetische Energie verschwindet, welche von den Bewegungen der Volumelemente der Zellkörper während ihrer Deformation herrührt.

56) *Zu S. 62.* Dabei nimmt *Maxwell* an, dass das Verhältniss $\dfrac{(3\mu - m)}{(6\mu + m)}$ der Quercontraction zur Längendilatation keinen kleineren Werth als den *Navier-Poisson*'schen $\dfrac{1}{4}$ haben kann. Lässt man auch kleinere Werthe zu, so muss doch

jedenfalls $m < 3\,\mu$, daher $\dfrac{\pi\,m}{2} < E^2 < 3\,\pi\,m$ sein.   Uebrigens ist dies für das Folgende unwesentlich.

57) *Zu S. 63.* Die Complication der Vorstellungen, welche diesen Gleichungen *Maxwell's* zu Grunde liegen, mag eine etwas ausführlichere Erläuterung derselben entschuldigen.

§ 1. Der Inhalt jeder Zelle, den wir Zellkörper nennen wollen, hat folgende Eigenschaften: Er kann sich nach allen Richtungen frei drehen. Er ist derart von starren Wänden umschlossen, dass er nach Gleichung 96 stets die Gestalt einer Kugel von unveränderlichem Radius behalten muss. Wenn auf ihn an zwei entgegengesetzten Enden eines Durchmessers entgegengesetzte tangentiale Kräfte wirken, so kommt er in Drehung, welche um alle möglichen Durchmesser ohne Widerstand erfolgen kann. Wenn dagegen an beiden Enden desselben Durchmessers gleichgerichtete tangentiale Kräfte wirken, was immer eintreten wird, wenn die Frictionstheilchen eines sehr viele Wirbel enthaltenden Raumes alle mit nahe gleicher Kraft in nahe derselben Richtung gezogen werden, so verschieben sich seine Volumelemente relativ gegeneinander, wie bei einer elastischen Kugel, jedoch ohne dass die Theilchen der Oberfläche aufhören, auf einer Kugel von gleicher Oberfläche zu bleiben. Diesen Vorgang wollen wir die Deformation des Zellkörpers nennen, obwohl sich dabei seine »Form« nicht ändert. Die dadurch erzeugten Verschiebungsmomente der in der Volumeinheit enthaltenen Frictionstheilchen sind die mit f, g, h bezeichneten Grössen.

§ 2. Die beschriebene Eigenschaft der Zellkörper erklärt es, dass die Frictionstheilchen keinen Widerstand erfahren, wenn sie sich auf einer (für den Moment wieder eben gedachten) Zellwand in geschlossenen Kreisen herumbewegen, ohne ein- und dieselbe Zellwand zu verlassen, wie es z. B. der Fall sein könnte, wenn die betreffende Zellwand zwei Wirbel trennt, deren Axen in ein- und dieselbe Gerade fallen, und auf dieser Geraden senkrecht steht. Aehnlich erfährt ein Frictionstheilchen keinen Widerstand, wenn es sich nur auf mehreren, demselben Wirbel angehörenden, gegen die Drehungsaxe beliebig orientirten Zellwänden in geschlossener Bahn herumbewegt. (Vergl. Anm. 24.) Dies tritt z. B. immer ein, wenn man sich die Zellen als Würfel denkt, deren Kanten den Coordinatenaxen parallel sind, wenn das magnetische Feld homogen oder für dasselbe $\alpha\,dx + \beta\,dy + \gamma\,dz$ ein vollständiges Differential, aber die Feldrichtung gegen die Coordinatenaxen geneigt ist.

§ 3. Alle die in § 1 auseinandergesetzten Eigenschaften sind freilich nicht ganz leicht in Einklang zu bringen. Der Kugelgestalt widerspricht die Forderung, dass ein Frictionstheilchen auf längerer Bahn in zwei Wirbel gleichzeitig eingreift, um derentwillen früher die Querschnitte der Wirbel als sechseckig gedacht wurden. Der Zellkörper wurde bei Berechnung des durch die Centrifugalkraft erzeugten Druckes als flüssig, jetzt wird er als fest betrachtet. Nun kann freilich die Centrifugalkraft auch in einem festen Körper (z. B. dem rotirenden Erdkörper) ähnliche Druckkräfte wie in einer Flüssigkeit erzeugen. Ja, es sind Körper denkbar, welche sich unter gewissen Umständen wie feste, unter anderen wie flüssige verhalten (z. B. Gelatine, Aspik, Eis, selbst Blei für einmal sehr kleine, das andere Mal sehr hohe Drucke). Allein warum sich die Zellkörper das eine Mal so, das andere Mal entgegengesetzt verhalten, dafür wäre doch eine nähere Motivirung wünschenswerth. Auch steht die Kraft, welche jede Abweichung der Zellkörper von der Kugelgestalt hindert, im Gegensatze zur freien Fortpflanzung der Centrifugalkräfte nach allen Richtungen. Uebrigens würde man wohl nur eine unbedeutende Aenderung in den numerischen Coefficienten, nicht aber qualitativ verschiedene Resultate erhalten, wenn man radiale Verschiebungen der Oberflächenelemente der Wirbel zuliesse.

§ 4. Wir wollen zunächst genau im Sinne *Maxwell*'s das Nebeneinanderbestehen aller dieser Eigenschaften annehmen. Die Zellkörper sind keiner anderen Gestalt- und Lagenänderung fähig als einer Drehung um eine beliebige, durch ihren Mittelpunkt gehende Axe und einer Deformation, welche genau die in Satz XII erörterten Gesetze befolgt. Beide superponiren sich; für letztere kann natürlich auch die Richtung grösster Verschiebung beliebig sein, welche in Satz XII als z-Richtung gewählt wurde. Nach der in Anm. 55 gegebenen Definition des Verschiebungsmomentes h der in der Volumeinheit enthaltenen Frictionstheilchen ist $\dfrac{dh}{dt}$ die Summe aller in der Volumeneinheit enthaltenen Mengen von Frictionstheilchen, jede multiplicirt mit der nach der z-Richtung geschätzten Componente der Geschwindigkeit, die ihr in Folge der Deformation der Zellkörper zukommt. $\dfrac{dh}{dt}$ ist also die Gesammtmenge der Frictionstheilchen, die in Folge der Wirksamkeit dieser Ursache allein in der Zeiteinheit durch die senkrecht zur x-Richtung gelegte Flächeneinheit gehen würden, wenn im ganzen betreffenden Raume während dieser ganzen Zeit deren Bewegung nahezu dieselbe wäre. (Vergl. Anm. 26.)

Dazu kommt nun noch die Verschiebung der Mittelpunkte der Frictionstheilchen in Folge der Rotation der Wirbel. Die Gesammtmenge der Frictionstheilchen, welche in Folge der Wirksamkeit der letzteren Ursache allein in der Zeiteinheit durch die zur x-Richtung senkrechte Flächeneinheit gehen würde, ist entsprechend *Maxwell*'s Gleichungen 33 und 34:

$$\frac{\varrho}{2}\left(\frac{d\beta}{dx}-\frac{d\alpha}{dy}\right)=\frac{1}{4\pi}\left(\frac{d\beta}{dx}-\frac{d\alpha}{dy}\right).$$

Da sich beide Wirkungen superponiren, so ist im leitenden Dielectricum die in Folge aller wirkenden Ursachen zusammen in der Zeiteinheit durch die zur x-Richtung senkrechte Flächeneinheit gehende Gesammtmenge von Frictionstheilchen:

1)
$$\dot{r}=\frac{1}{4\pi}\left(\frac{d\beta}{dx}-\frac{d\alpha}{dy}\right)+\frac{dh}{dt}.$$

Da nach *Maxwell*'s Gleichung 105

$$\frac{dh}{dt}=-\frac{1}{4\pi E^2}\frac{dR}{dt}$$

ist (vergl. *Maxwell*'s Gleich. 111), so kann man auch schreiben:

2)
$$r=\frac{1}{4\pi}\left(\frac{d\beta}{dx}-\frac{d\alpha}{dy}-\frac{1}{E^2}\frac{dR}{dt}\right),$$

was mit der dritten der *Maxwell*'schen Gleichungen 112 stimmt.

§ 5. In dielektrisch nicht polarisirbaren Leitern entfällt das letzte Glied, es ist gewissermaassen E unendlich gross. Es finden keine Deformationen der Zellkörper statt und die Fortbewegung der Frictionstheilchen geschieht nur durch die Rotation der Zellkörper. Im nichtleitenden Dielectricum aber ist $p=q=r=0$. Nach der gegenwärtigen Anschauung *Maxwell*'s sind also in diesem die Mittelpunkte der Frictionstheilchen absolut unbeweglich und eine Rotation der Wirbel.

bei welcher $\alpha\,dx + \beta\,dy + \gamma\,dz$ kein vollständiges Differentiale ist, kann nur in Folge einer gleichzeitigen Deformation der Zellkörper eintreten. p, q, r sind die Stromdichten der galvanisch geleiteten Elektricität, $-\dfrac{df}{dt}$, $-\dfrac{dg}{dt}$, $-\dfrac{dh}{dt}$ die der Verschiebungsströme oder dielektrischen Polarisationsströme,

$$3)\qquad u = p - \frac{df}{dt}, \quad v = q - \frac{dg}{dt}, \quad w = r - \frac{dh}{dt},$$

die des Gesammtstromes, und es folgt aus 1 und den analogen Gleichungen für die beiden anderen Coordinatenaxen

$$4)\qquad \frac{du}{dx} + \frac{dv}{dy} + \frac{dw}{dz} = 0.$$

Die Totalströme sind also vermöge des Mechanismus, der die Wirbel und Frictionstheilchen verbindet, stets geschlossen, ohne dass die Frictionstheilchen sich zu berühren oder aufeinander zu drücken brauchen.

Die Dichte der Lagerung der Frictionstheilchen bleibt nach dieser Anschauung zwar in absoluten Isolatoren und nicht dielektrisirbaren Leitern, nicht aber an der Grenze beider oder in leitenden Dielectricis unveränderlich, da in letzteren bloss die durch die Rotation der Wirbel allein, also die Differenz der totalen und der durch die Deformation der Zellkörper erzeugten Verdichtung der Lagerung der Frictionstheilchen Null ist.

§ 6. p, q, r werden in den späteren Abhandlungen *Maxwell's* wieder proportional den auf die Mengeneinheit der Frictionstheilchen wirkenden Kraftcomponenten P, Q, R gesetzt, also

$$5)\qquad p = CP, \quad q = CQ, \quad r = CR,$$

wodurch die Gleichung 1 dieser Anmerkunng übergeht in

$$6)\qquad 4\,\pi\,CR + \frac{1}{E^2}\frac{dR}{dt} = \frac{d\beta}{dx} - \frac{d\alpha}{dy},$$

was die definitive Form der Gleichung der elektrischen Kraft in ruhenden leitenden Dielectricis an allen Stellen ist, wo keine sogenannten äusseren elektromotorischen Kräfte (thermoelektromotorische, hydroelektromotorische) wirken.

Die Gleichungen 5, welche sich jedoch in der vorliegenden
Schrift *Maxwell*'s nirgends finden, wären etwa in der folgenden
Weise zu versinnlichen. Die durchschnittlichen Geschwindigkeitscomponenten der Mittelpunkte der Frictionstheilchen sind
proportional den Grössen p, q, r. Die Gleichungen 5 besagen
daher, dass diese Geschwindigkeitscomponenten proportional
den Kraftcomponenten P, Q, R sind. Man könnte sich daher
vorstellen, dass diese Mittelpunkte etwa in den ' Zellwänden
oder beim Uebergange von einem Molekül zum andern einen
ihrer Geschwindigkeit proportionalen Widerstand erfahren. Die
Componenten des so auf die Mengeneinheit entfallenden Wider-
standes $\frac{p}{C}$, $\frac{q}{C}$ und $\frac{r}{C}$ sind gleich und entgegengesetzt gerichtet
den von den Wirbeln auf die Frictionstheilchen ausgeübten Kräften
P, Q, R, da die Masse und daher auch die Beschleunigung der
letzteren verschwindet.

§ 7. Die in § 3 erwähnten Schwierigkeiten kann man
durch die folgende Auffassung theilweise vermeiden, welcher
sich *Maxwell* selbst später zugeneigt zu haben scheint und
welche nachher durch andere, z. B. *Lodge*, genauer präcisirt
wurde. Dabei macht freilich dann die Versinnlichung der in
§ 2 angeführten Annahmen wieder grössere Schwierigkeiten
und wird auch nicht mehr die Fortpflanzungsgeschwindigkeit
der elektromagnetischen Wellen gleich der der Transversalwellen in einem unbegrenzten festen Körper, dessen Substanz
die Wirbelsubstanz ist. (Vergl. Anm. 62.)

Wir betrachten das folgende mechanische Bild. Ein auf
einer deformirbaren, gespannten Kautschukmembran liegender
Körper wird durch eine Kraft R darauf fortgezogen. Dabei
deformirt er die Kautschukmembran und erfährt zudem noch
einen Reibungswiderstand $\frac{r}{C}$, der abweichend von den Gesetzen, die sonst die Reibung befolgt, der relativen Geschwindigkeit r des Körpers gegen die Stelle der deformirten Kautschukmembran proportional ist, wo er gerade gleitet. Die
Geschwindigkeit des Körpers soll sich so langsam ändern oder
dessen Masse so klein sein, dass das Product der letzteren in die
Beschleunigung des Körpers immer klein gegen R, also letztere
Grösse nahe gleich dem Reibungswiderstande $\frac{r}{C}$ ist, der wieder
gleich der Kraft ist, mit welcher der Körper ziehend auf die

Membran wirkt. Letzterer Kraft setzen wir die Verschiebung
h der Stelle der Membran, wo der Körper gerade aufliegt,
proportional, setzen also letztere Kraft etwa gleich $4\pi E^2 h$.
Die gesammte Geschwindigkeit des Körpers ist dann:

7) $$w = r + \frac{dh}{dt} = CR + \frac{1}{4\pi E^2}\frac{dR}{dt}.$$

Ein auf dem gleichen Principe beruhendes mechanisches Modell
zur Versinnlichung von *Maxwell*'s Theorie hat *Lodge* angegeben*).

§. 8. Es sollen nun die Deformationen der Zellkörper,
sowie deren gezwungene Kugelform ganz wegfallen. Diese
sollen flüssig sein und in würfelförmigen oder anders gestalteten Zellen rotiren. In den Zellwänden aber sollen die Frictionstheilchen liegen, welche ganz wie bei *Maxwell* so mechanisch mit den Wirbeln verbunden sind, dass die Geschwindigkeit
ihrer Mittelpunkte das arithmetische Mittel der Umfangsgeschwindigkeiten jener beiden Wirbel, in welche sie eingreifen, an den Stellen, wo sie eingreifen, ist. Dieses Ineinandergreifen der Zellkörper und Frictionstheilchen erfolgt
geradeso, als ob sie verzahnt und der Umfang der ersteren
eine unausdehnsame, in die Zähne der Frictionstheilchen ein-
greifende Kette wäre. Gerade so, als ob dies der Fall wäre,
ist auch die Umfangsgeschwindigkeit der Zellkörper an allen
Stellen der Peripherie derselben immer absolut gleich.

Aus diesem Mechanismus des Ineinandergreifens der Zellkörper und Frictionstheilchen folgen *Maxwell*'s Gleichungen
33 und 34, also:

8) $$r = \frac{1}{4\pi}\left(\frac{d\beta}{dx} - \frac{d\alpha}{dy}\right).$$

Aus dieser und den beiden analogen Gleichungen für die
beiden anderen Coordinatenaxen ergiebt sich:

9) $$\frac{dp}{dx} + \frac{dq}{dy} + \frac{dr}{dz} = 0.$$

Die Dichte der Frictionstheilchen kann sich also in Folge des
Gesetzes ihres Eingreifens in die Wirbel an keiner Stelle des

---

* Katalog math. Instrumente von *Dyck*. München, Wolf, 1892.

Raumes verändern, ohne dass je zwei Frictionstheilchen sich direct zu berühren und aufeinander zu drücken brauchen. Die Kraft, welche die Wirbel in Folge dieses Mechanismus auf die Mengeneinheit der Frictionstheilchen ausüben und welche in den Coordinatenrichtungen die Componenten P, Q, R haben soll, entspricht der Kraft R, welche auf den im vorigen § fingirten Körper ziehend wirkte. Analog wie dieser Körper zur dort fingirten Kautschukmembran, verhalten sich die Mittelpunkte der Frictionstheilchen zu den Zellwänden. Sie gleiten längs den Zellwänden hin und erfahren dabei einen Widerstand, der ihrer relativen Geschwindigkeit gegen die Zellwand proportional ist. Da sie massenlos sind, bewegen sie sich mit solcher Geschwindigkeit, dass dieser Widerstand gleich der von den Wirbeln auf die Frictionstheilchen ausge- übten Kraft ist, die, auf die Mengeneinheit bezogen, die Com- ponenten P, Q, R hat.

Die Reaction des Gleitungswiderstandes auf die Zell- wände hat auch wieder die Componenten P, Q, R. Durch sie sollen die afficirten Stellen der Zellwand eine der wirkenden Kraft proportionale Verschiebung (Deformation) erfahren. Durch drei zu den Coordinatenrichtungen senkrechte Flächen vom Flächeninhalte eins sollen nun vermöge der Deformation der Zellwände im Ganzen hindurchgetreten sein die Mengen f, g, h von Frictionstheilchen, vermöge der Aenderung der Defor- mation werden dann in der Zeiteinheit die Mengen $\dfrac{df}{dt}$, $\dfrac{dg}{dt}$, $\dfrac{dh}{dt}$ hindurchtreten. Vermöge des Gleitens an den deformirten Zellwänden sollen in der Zeiteinheit die Mengen u, v, w, und vermöge beider Ursachen (des Gleitens und der Veränderung der Deformation der Zellwände) zusammen die Mengen p, q, r hindurchgehen. Da u, v, w den Gleitungsgeschwindigkeiten, diese aber den P, Q, R proportional sind, kann man setzen:

10) $\qquad\qquad u = CP, \quad v = CQ, \quad w = CR.$

Aus analogen Gründen:

11) $\qquad f = \dfrac{1}{4\,\pi\,E^2}\,P, \quad g = \dfrac{1}{4\,PE^2}\,Q, \quad h = \dfrac{1}{4\,\pi\,E^2}\,R.$

Endlich superponirt sich wie im vorigen § die durch Gleitung und die durch Deformation erzeugte Bewegung. Es ist also:

12) $$p = u + \frac{df}{dt} = CP + \frac{1}{4\pi E^2} \frac{dP}{dt} \quad \text{etc.,}$$

was, in Gleichung 8 und die analogen substituirt, wieder
die Gleichung 6 und die analogen liefert. Es entsprechen
also jetzt u, v, w dem galvanisch geleiteten, p, q, r dem
totalen Strome, während bei der ersten *Maxwell*'schen Vorstellung p, q, r dem ersteren, u, v, w dem letzteren entsprechen. Die Componenten des Verschiebungsstromes, durch
$\frac{df}{dt}$ etc. ausgedrückt, haben das Vorzeichen gewechselt. Die
Dichte der Lagerung der Frictionstheilchen ist ausnahmslos
unveränderlich.

§ 9. Es soll die Geduld des Lesers noch durch ein
ganz specielles zur Erläuterung dienendes Beispiel in Anspruch
genommen werden. Ein leitender Draht von überall kreisförmigem Querschnitte bilde einen in sich zurücklaufenden Ring.
An irgend einer Stelle sei in demselben eine constante elektromotorische Kraft vorhanden, welche zunächst einen dauernden
elektrischen Strom im Drahte erzeuge. Dann strömen in allen
mit der Mittellinie des Drahtes gleichlaufenden »Fasern« desselben die Frictionstheilchen mit constanter gleicher Geschwindigkeit. Um dies zu ermöglichen, rotiren die Wirbel in der
Nähe der Mittellinie am langsamsten, nahe der Oberfläche am
schnellsten. Nun denken wir uns den Raum zwischen zwei
Querschnitten A und B des Drahtes, deren Entfernung klein
gegen den Radius des Drahtes sei, statt mit der Substanz des
Drahtes mit einer nichtleitenden dielektrischen Substanz erfüllt, welche gewissermaassen einen in den Stromkreis einge-
schalteten Condensator darstellt. Da die Wirbel in der
dielektrischen Schicht in die des Drahtes eingreifen, werden
sie anfangs im gleichen Sinne gedreht, in der Nähe der Mittellinie wenig, weiter von dieser entfernt mehr. Dadurch, nicht
durch den Druck der Frictionstheilchen des Drahtes, werden
die Frictionstheilchen in der dielektrischen Schicht im gleichen
Sinne wie im Drahte verschoben; es sei dies vom linken
Querschnitte A gegen den rechten B. Hierbei verschieben
sie, wenn wir zunächst der Anschauung des vorigen § folgen,
im Dielektricum die Zellwände mit und erfahren einen der
Verschiebung proportionalen Widerstand, welcher die Wirbel

im Dielektricum zum Stillstande bringt. Da aber in diese die
Wirbel im Drahte eingreifen, so kommen auch letztere und
mit ihnen die Bewegung der Frictionstheilchen im Drahte zum
Stillstande. Die Frictionstheilchen sind, ohne sich gegenseitig
zu drücken, überall äquidistant geblieben; allein die Zellwände
kehren im Drahte, sobald die Bewegung der Frictionstheilchen
aufgehört hat, in die alte Lage zurück, wogegen sie in der
dielektrischen Schicht dauernd nach rechts verschoben bleiben.
Die Substanz der Zellmembranen ist also um A herum ge-
dehnt, also verdünnt, um B aber verdichtet. Ersteres stellt
die positive Ladung von A dar; denn relativ gegen die Membran sind die Frictionstheilchen gewissermaassen verdichtet.
Ebenso sind sie bei B gewissermaassen relativ gegen die
Zellmembran verdünnt.

Etwas anders wird die Sache bei Zugrundelegung der
ersten *Maxwell*'schen Anschauung. . Da behalten in der dielektrischen Schicht die Mittelpunkte der Frictionstheilchen unbedingt ihre Ruhelagen. Die Anordnung der Frictionstheilchen
erfährt also am positiv geladenen Querschnitte A eine Verdichtung, am negativ geladenen Querschnitte B aber eine Ver-
dünnung. Die Drehung der Wirbel im leitenden Drahte bleibt
wie früher. Diejenigen Wirbel des Dielektricums nun, welche
unmittelbar an A liegen, greifen in die anliegenden Wirbel
des Drahtes ein; ihre gegen A gewandte Partie wird also im
selben Sinne gedreht, als ob es Wirbel des Drahtes wären,
und zwar ist diese Wirkung wieder klein in der Nähe der
Mittellinie, gross in der Nähe des Umfanges. Es werden also
die Frictionstheilchen von links nach rechts gedrängt, und da
deren Mittelpunkte im Dielektricum fix sind, tritt jetzt Deformation der Wirbel ein. Damit bei dieser die verschiedenen
Oberflächenelemente eines Wirbels nicht in anderer Weise, als
es *Maxwell* annimmt, relativ gegen einander verschoben werden,
muss man voraussetzen, dass alle Frictionstheilchen, die demselben zur Mittellinie des Drahtes senkrechten Parallelkreise
des Wirbels angehören, in gleicher Weise drückend wirken.
(Es drücken vielleicht nur die Zellwände als Ganzes.) Da
sich ferner über die Deformation die Drehung superponirt,
dreht sich auch die von A abgewandte Seite der A anliegenden Wirbel im selben Sinne, als ob es Wirbel im Drahte
wären. Dadurch wird die Drehung und Deformation auf die
nächste Schicht von Wirbeln übertragen, welche von A etwas
entfernter sind. Es ist jetzt der Widerstand der Zellkörper

gegen Deformation, durch welchen der Strom im Drahte zum
Stillstande kommt.

§ 10. Will man die nicht ganz einwurfsfreie Ableitung
Maxwell's der noch fehlenden Gleichungen 54 desselben durch
eine solche aus dem *Hamilton*'schen Principe ersetzen, durch
welche man auch die Gleichungen 12 dieser Anmerkung ge-
winnt und so deren bisherige Begründung entbehrlich machen
kann, so ist in folgender Weise zu verfahren. Wir adoptiren
die Vorstellungen des § 8 und führen ausser den bisherigen
noch folgende Bezeichnungen ein: A, B, Γ seien die Winkeldrehungen eines Wirbels, l, m, n die Componenten der Verschiebung des Mittelpunktes eines Frictionstheilchens relativ
gegen die deformirte Zellwand, ein angehängter Strich drücke
eine Differentiation nach der Zeit aus, so dass $\alpha = A'$, $u = l'$,
$p = f' + l'$ etc. ist.

Wir setzen die einzig. vorhandene kinetische Energie,
nämlich die der Wirbel, gleich

13) $$T = \frac{\mu}{8\,\pi}(A'^2 + B'^2 + \Gamma'^2)\,;$$

Die potentielle Deformationsenergie der Zellwände setzen wir
gleich

14) $$V = \frac{1}{8\,\pi\,E^2}(f^2 + g^2 + h^2)\,;$$

die von der gleitenden Reibung geleistete Arbeit aber setzen
wir gleich

15) $$\delta\Omega = C(l'\,\delta l + m'\,\delta m + n'\,\delta n)\,.$$

Maxwell's Gleichungen 33 und 34 können jetzt in der Form
geschrieben werden:

16) $$f + l = \frac{1}{4\,\pi}\left(\frac{dB}{dx} - \frac{dA}{dy}\right)\ \text{etc.,}$$

welche Gleichungen als die durch das Ineinandergreifen der
Wirbel und Frictionstheilchen bedingten mechanischen Bedingungen des Systems aufzufassen sind. Das *Hamilton*'sche Princip
liefert daher

17) $$\iiiint dx\,dy\,dz\,dt(\delta T - \delta V - d\Omega) = 0\,.$$

Wir wollen uns das Hinschreiben der Formeln möglichst er-
sparen und bloss den Gang der Rechnung andeuten. Die

beiden Glieder, welche δf und δl enthalten, schreibt man in der Form:

18) $\qquad Cu\,(\delta f + \delta l) + \left(\dfrac{f}{8\,\pi\,E^2} - Cu\right)\delta f.$

Da δf ganz unabhängig ist, so folgt hieraus zunächst:

$$\frac{f}{8\,\pi\,E^2} = Cu\,.$$

Wir wollen diese Grösse mit P und die analogen für die y- und z-Axe mit Q und R bezeichnen. Nun setzt man nach 16:

$$\delta f + \delta l = \frac{1}{4\,\pi}\left(\frac{d\,\delta B}{dx} - \frac{d\,\delta A}{dy}\right),$$

substituirt alles in 17, integrirt die Glieder mit $\delta A'$, $\delta B'$, $\delta \varGamma'$ partiell nach der Zeit, die mit $\dfrac{d\,\delta A}{dx}$ partiell nach x etc. In dem so erhaltenen Ausdrucke kann man die Coefficienten von δA, δB und $\delta \varGamma$ separat gleich Null setzen, wodurch sich sofort die zu erweisenden Gleichungen 54 *Maxwell's* ergeben.

§ 11. Aus den bisher entwickelten Gleichungen lässt sich der Verlauf aller elektromagnetischen Störungen im Felde richtig berechnen, aber es lässt sich auch der Beweis liefern, dass sich solche Störungen niemals bilden können, wenn sie nicht schon zu Anfang vorhanden waren, da man keine äusseren elektromotorischen Kräfte eingeführt hat. An den Stellen des Raumes, wo solche (thermoelektrische, hydroelektrische, auch elektrische Trennung durch Reibung von Glas und Seide etc.) wirken, bedarf die Gleichung 6 dieser Anmerkung einer Ergänzung. Dieselbe wird in der einfachsten Weise, die zur Herstellung der Uebereinstimmung mit der Erfahrung hinreicht, dadurch bewerkstelligt, dass man nach der Methode *Hertz*'s dieser Gleichung noch einen Addenden r beifügt, welcher bloss von der Beschaffenheit der äusseren elektromotorischen Kraft an diesem Orte des Raumes abhängt. Aehnliche Addenden p und q sind den beiden analogen Gleichungen für die x- und y-Richtung beizufügen. Von diesen Grössen p, q, r weiss man freilich sonst nicht viel, als dass sie (wenigstens ihre Mittelwerthe) der Stärke der hydroelektromotorischen, thermoelektromotorischen Kräfte etc. proportional sind. Ihre Ableitung aus dem *Hamilton*'schen Principe ist leichter, wenn man α, β, γ als Verschiebungen und f, g, h als Geschwindigkeiten »anspricht« *).

58) *Zu S. 63.* Die Grösse e, welche übrigens in der von *Hertz* eingeführten Terminologie als die Dichte der wahren Elektricität zu bezeichnen wäre, ist in *Maxwell*'s erstem hier acceptirten mechanischen Bilde in der That die Menge der Frictionstheilchen, welche sich in der Volumeneinheit mehr als beim normalen Zustande befinden. Sie muss Null sein in vollkommenen Isolatoren, da daselbst die Mittelpunkte der Frictionstheilchen überhaupt unbeweglich sind, aber auch in nicht dielektrisirbaren Leitern, da daselbst die Zellkörper nicht deformirbar sind. In leitenden Dielectricis oder an der Grenze eines Leiters und Nichtleiters **) dagegen können sich die Mittelpunkte der Frictionstheilchen durch Deformation der Zellkörper dichter drängen. Die Spannungen dieser Deformation erzeugen dann die elektrostatischen Kräfte.

Da p, q, r die Gesammtmengen der Frictionstheilchen sind, die in der Zeiteinheit durch 3 zu den Coordinatenrichtungen senkrechte ebene Flächen vom Flächeninhalte eins gehen, so gilt, entsprechend der hydrodynamischen Continuitätsgleichung für die Strömung einer zusammendrückbaren Flüssigkeit *Maxwell*'s Gleichung 113. Da vermöge der blossen Rotation der Zellkörper, wenn dieselben undeformirbar wären, keine dichtere Lagerung der Frictionstheilchen möglich wäre, so muss deren gesammte Verdichtung gleich der durch die Deformation bewirkten, also

$$\frac{dp}{dx} + \frac{dq}{dy} + \frac{dr}{dz} = \frac{d}{dt}\left(\frac{df}{dx} + \frac{dg}{dy} + \frac{dh}{dz}\right)$$

sein, was auch unmittelbar aus der Gleichung 1 der vorigen Anmerkung und den entsprechenden für die beiden anderen Coordinatenaxen folgt. Sind daher u, v, w die durch die Gleichungen 3 daselbst bestimmten Grössen, so ist

---

*) Vergl. *Boltzmann*, Vorles. über *Maxwell*, Theorie, II. S. 7 bei *Barth*, 1893.

**) Dazwischen hat man sich eine Schicht zu denken, in der die Eigenschaften der einen Substanz continuirlich in die der anderen übergehen, die also ein leitendes Dielectricum sein muss. Substanzen, die weder leiten noch dielectrisirbar sind, müssen ausgeschlossen werden.

$$\frac{du}{dx} + \frac{dv}{dy} + \frac{dw}{dz} = 0\,,$$

d. h. die Gesammtströme sind stets geschlossen.

Nach der in § 8 der vorigen Anmerkung besprochenen Anschauung spricht sich dies in der Gleichung

$$\frac{dp}{dx} + \frac{dq}{dy} + \frac{dr}{dz} = 0$$

aus. Nach dieser Anschauung ist also jede Verdichtung in der Lagerung der Frictionstheilchen ausgeschlossen. Wahre Elektricität ist dort, wohin in Folge des Gleitens der Frictionstheilchen an den Zellwänden, wenn dieses allein vorhanden wäre, mehr Frictionstheilchen gelangt wären. Die gleiche Menge wurde aber durch Deformation der Zellwände wieder weggeschafft, deren elastische Kräfte jetzt die elektrostatische Spannung erzeugen.

59) *Zu S. 65.* Ausserhalb des zweiten Körpers ist nämlich $e_2 = 0$; die gesammte Elektricitätsmenge im zweiten Körper aber ist gleich dem über alle Volumelemente dV desselben erstreckten Integrale $\int e \cdot dV$. In dieser und der Formel 127 sind e_1 und e_2 diese gesammten Elektricitätsmengen, während es früher die Dichten der Elektricität waren. Alles das ist analog wie in *Maxwell's* Formeln 20 und 21 für den Magnetismus (vergl. Anm. 17).

60) *Zu S. 65.* Da die Stromdichten p, q, r früher in magnetischem Maasse gemessen waren, so erschien auch e magnetisch gemessen.

61) *Zu S. 66.* Die hier vorkommende Grösse ϱ ist natürlich die in *Maxwell's* Formel 1 a so bezeichnete Volumdichte der Substanz der Wirbel oder Zellkörper, nicht aber die in Formel 34 mit demselben Buchstaben bezeichnete Flächendichte der Frictionstheilchen. Ebenso ist μ jetzt die in *Maxwell's* Formel 1 so bezeichnete Grösse, nicht etwa das μ des Satzes XII (Gleichung 80, 82 etc.). In Satz I, Gleichung 1 war $\mu = 4\pi C\varrho$; ferner ist unter den Einschränkungen, unter denen Gleichung 1 a gilt, $C = \frac{1}{4}$, daher $\mu = \pi\varrho$.

62) *Zu S. 67.* *Maxwell* berechnet hier keineswegs die Fortpflanzungsgeschwindigkeit der elektromagnetischen Wellen in

dem von ihm fingirten Medium, sondern die der ordinären
Transversalwellen in einer unbegrenzten festen Substanz, welche
dieselbe Beschaffenheit hat, wie die der Zellkörper. Er giebt
offenbar die Idee, dass das Licht in Transversalschwingungen
im Sinne der alten Undulationstheorie besteht, noch nicht auf.
Doch sind elektromagnetische Wellen in dem von ihm fingirten
Medium offenbar nicht unwesentlich verschieden von gewöhnlichen Transversalwellen in unbegrenzten elastischen Körpern.

Betrachten wir wegen ihrer grossen Einfachheit linear
polarisirte stehende Wellen. Die Abscissenaxe sei die Richtung der Schwingung, die positive resp. negative x-Richtung
die der Fortpflanzung der beiden fortschreitenden Wellen,
durch deren Interferenz die stehenden entstanden sind; die
erstere soll einfach die Fortpflanzungsrichtung der stehenden Wellen heissen. Bei den elektromagnetischen Wellen
bewegen sich die Frictionstheilchen an den Schwingungsbäuchen der elektrischen Kraft lebhaft parallel der Abscissenaxe hin und her. Doch ist der nach x genommene
Differentialquotient ihrer Amplitude gleich Null. Die Bewegung ist also zu beiden Seiten der Zellkörper dieselbe;
diese drehen sich nicht, sondern deformiren sich bloss, indem
sich ihre der positiven und negativen x-Richtung zugewandten
Oberflächenelemente immer gleichzeitig im selben durchschnittlich der Abscissenrichtung parallelen Sinne bewegen. In
den Schwingungsknoten der elektrischen Kraft ist zwar die
hin- und hergehende Bewegung der Frictionstheilchen verschwindend, aber ihr Differentialquotient nach x ein Maximum.
Dort bewegen sich also die Frictionstheilchen auf der der
positiven und negativen x-Richtung zugewandten Seite eines
Wirbels in der entgegengesetzten Richtung. Die Zellkörper
deformiren sich nicht, aber drehen sich hin und her um Axen,
die der y-Richtung parallel sind. Es treten dort periodisch
wechselnde magnetische Polarisationen auf, deren Axe die y-
Richtung ist (Bäuche der magnetischen Kraft). Dabei bleiben
die Zellkörper immer in ihrer kugeligen Hülle eingeschlossen,
während sich bei den gewöhnlichen Transversalwellen die
Volumelemente selbst an den Schwingungsbäuchen um endliche
Stücke hin- und herbewegen. Dagegen hat die Bewegung der
Zellkörper an den Schwingungsbäuchen der elektrischen Kraft,
welche mit den Schwingungsknoten der magnetischen Kraft
übereinstimmen, sehr viel gemein mit der relativen Bewegung
der Theilchen eines Volumelementes an den Schwingungs-

bäuchen bei gewöhnlichen Transversalwellen. Hier wie dort schwingen die Theile eines elastischen Körpers unter dem Einflusse derselben elastischen Kräfte senkrecht zur Wellenfortpflanzungsrichtung, also in gleicher Weise relativ gegeneinander, und die zurückführende Kraft ist bei gleicher Excursion die gleiche. Ebenso ist die Drehung der Zellkörper an den Schwingungsbäuchen der magnetischen Kraft analog der der Volumelemente an den Knoten der Transversalwellen. Daher ist wohl in beiden Fällen eine nahe gleiche Fortpflanzungsgeschwindigkeit zu erwarten. Darauf, dass *Maxwell* diese genau numerisch gleich findet, ist wohl kein Gewicht zu legen; denn erstens findet er dies nur unter Voraussetzung der *Navier-Poisson*'schen Relation der Längendilatation und Quercontraction, zweitens vernachlässigt er dabei in Formel 1a und 102 den zwischen den Wirbeln gelegenen Raum, die er sich im Uebrigen bei diesen Betrachtungen kugelförmig denkt. Ferner betrachtet er die Wirbel bei Berechnung der Centrifugalkraft als flüssig, bei ihrer Deformation als fest, bei Definition der Umfangsgeschwindigkeit als Cylinder mit kreisförmiger, bei Discussion der Bewegung der Frictionstheilchen als solche mit sechseckigem Querschnitte etc. Dagegen würde *Maxwell* natürlich unbestritten genaue Uebereinstimmung der Fortpflanzungsgeschwindigkeit der elektrischen Wellen mit dem Verhältnisse der elektrostatisch und elektromagnetisch gemessenen Elektricitätseinheit finden; und zwar ganz unabhängig von jedem mechanischen Modelle, wenn er die Fortpflanzungsgeschwindigkeit der elektromagnetischen Wellen aus seinen Gleichungen für die elektrischen und magnetischen Bestimmungsgrössen ableiten würde, was schon aus den hier von *Maxwell* abgeleiteten Gleichungen mit Leichtigkeit gelingt. Für Luft ist nämlich $p = q = r = 0$, $\mu = 1$, und wegen der Abwesenheit von freiem Magnetismus $\frac{d\alpha}{dx} + \frac{d\beta}{dy} + \frac{d\gamma}{dz} = 0$. Daher erhält man aus 112, wenn man die zweite Gleichung nach z differentiirt und davon die nach y differentiirte dritte abzieht:

$$\frac{d^2\alpha}{dx^2} + \frac{d^2\alpha}{dy^2} + \frac{d^2\alpha}{dz^2} = \frac{1}{E^2}\frac{d}{dt}\left(\frac{dQ}{dz} - \frac{dR}{dy}\right),$$

während nach Gleichung 53

$$\frac{dQ}{dz} - \frac{dR}{dy} = \frac{d\alpha}{dt}$$

ist, woraus sofort die bekannte Gleichung für Wellen folgt,
deren Fortpflanzungsgeschwindigkeit E ist.

63) *Zu S. 68.* Sei die Abscissenaxe senkrecht auf der
leitenden Condensatorplatte. Die Elektricität denken wir uns
in einer dünnen, der Condensatorplatte anhaftenden Schicht
von der Dicke δ angesammelt. dx sei ein Differential der
Dicke dieser Schicht. Die auf der Flächeneinheit befindliche
Elektricität ist dann in einem Cylinder vom Querschnitte eins
und der Höhe δ enthalten und gleich $\int e\,dx$ über diesen Cylinder erstreckt. In dem Werthe 115 für e ist $Q = R = 0$;
daher wird

$$\int e\,dx = \frac{1}{4\pi E^2}(P_1 - P_0).$$

Der Werth P_0 der elektrischen Kraft an der Innenseite der
Schicht von der Dicke δ ist gleich dem im Metall herrschenden, also gleich Null; der an der Aussenseite P_1 aber ist
gleich $\dfrac{d\Psi}{dx} = \dfrac{(\Psi_2 - \Psi_1)}{\theta}$, woraus

$$\int e\,dx = \frac{\Psi_2 - \Psi_1}{4\pi E^2 \theta}$$

folgt.

64) *Zu S. 69.* Durch Bestätigung dieser Folgerung an
Schwefelkrystallen (Wien. Sitz.-Ber. II. Bd. 70, S. 342, 1874),
sowie der bereits historisch gewordenen Formel 142 in vielen
Fällen (siehe viele Abh. in denselben Sitzungsber.) wurde die
Richtigkeit der *Maxwell*'schen Theorie schon lange vor den
klassischen Versuchen *Hertz'* wahrscheinlich gemacht.

65) *Zu S. 70.* Um diese Formel zu finden, zerlegt man
die Feldstärke in zwei Componenten in der Richtung der
grössten und kleinsten Dielektricitätsconstante für die Ebene,
welche auf der Drehungsaxe der Kugel senkrecht ist. Dann
berechnet man die Dielektrisirung der Kugel durch jede dieser
Componenten genau so, wie man die Magnetisirung einer Kugel
im homogenen magnetischen Felde berechnet. Schliesslich berechnet man die Kraft, welche auf die Kugel von jeder Componente in Folge des durch die andere erzeugten dielektrischen
Momentes ausgeübt wird. Es ist hier wohl das erste Mal von
der ponderomotorischen Wirkung elektrisirter Körper auf lediglich
dielektrisch-polarisirte (der sogenannten dielektrischen Fern-

wirkung) die Rede, hier freilich nur im Falle einer Drehung
(vergl. Wien. Sitz.-Ber. II, 68, S. 81).

66) *Zu S. 72.* Zur Darstellung einer Wirkung der ersteren
Art braucht man eine Gerade, der ein bestimmter Richtungs-
sinn zukommt, einen Vector, zur Darstellung der letzteren
Gattung von Wirkungen aber eine Gerade, bei der nicht die
beiden Enden, also die beiden entgegengesetzten Richtungen,
nach denen sie zeigt, als verschieden betrachtet werden, sondern mit der der Begriff eines bestimmten Drehungssinnes
verknüpft wird. Eine Gerade letzterer Art nennt man nach
Clifford's Vorgang einen Rotor; doch sind auch andere Namen
üblich *).

Wenn man die Welt (mit Ausnahme einer Schraube, einer
Weinranke oder eines Handschuhes zur Beurtheilung von
rechts und links) in ihr Spiegelbild verwandeln würde, so
müsste man, damit die Gesetze des Geschehens unverändert
blieben, Nord- und Südmagnetismus, Rechts- und Linksquarz,
Rechts- und Linksweinsäure, aber nicht Glas- und Harzelektricität vertauschen.

67) *Zu S. 73.* Von beiden Gesetzen giebt es Ausnahmen,
zu denen nach *Kundt* das Eisen selbst gehört.

68) *Zu S. 75.* Ebenso wie bei der Berechnung der
Fortpflanzungsgeschwindigkeit der Wellen lässt *Maxwell* auch
hier wieder seine Hypothese, dass der Aether in Zellen getheilt ist, und weder die Mittelpunkte der Zellkörper ihren
Ort, noch deren Oberflächen ihre Gestalt ändern können, ganz
bei Seite und betrachtet vielmehr gewöhnliche Transversalschwingungen in einem Wirbel enthaltenen Medium, das sich
aber sonst ganz wie der Lichtäther der alten Undulationstheorie verhält.

69) *Zu S. 76.* Die Definition dessen, was *Maxwell*
Winkelmoment nennt, ist folgende Summe. Man multiplicire
die Masse jedes wirbelnden Theilchens mit der Projection der
Fläche, welche der zu ihm von einem fixen Punkte der Drehungsaxe gezogene Leitstrahl in der Zeiteinheit durchstreicht,
auf eine Ebene senkrecht zur Drehungsaxe und addire alle so
gebildeten Producte.

*) Vergl. *Wichert*, *Wied.* Ann. 59 S. 286, 1996. *Maxwell*,
treatise I. 15, und *J. J. Thomson*'s Anmerkung hierzu in der
3. Auflage.

70) *Zu S. 76.* *Maxwell* erklärt nämlich die angeführte, freilich nicht in allen Fällen richtige *Verdet'*sche Regel daraus, dass in den Volumelementen diamagnetischer Körper eine mit Masse und Trägheit begabte Substanz in demselben Sinne rotirt, wie in dem sie magnetisirenden Strome die positive Elektricität fliesst, in paramagnetischen Körpern im umgekehrten, und das Licht eine Schwingungsbewegung ebenfalls mit Masse und Trägheit begabter Theilchen ist. Die Frictionstheilchen müssen aber in den Molekularströmen eines Elektromagneten und in dem ihn magnetisirenden Strome im selben Sinne herumwandern, in dem die Wirbel im Elektromagneten rotiren.

71) *Zu S. 77.* Dass das metallische Eisen die Polarisationsebene im selben Sinne wie die meisten diamagnetischen Substanzen dreht, war *Maxwell* damals selbstverständlich unbekannt.

72) *Zu S. 77.* Die ganz deutliche Definition giebt Anm. 69.

73) *Zu S. 79.* Man bemerke, dass z die laufende z-Coordinate der Ruhelage eines Theilchens ist, während x und y dessen Verschiebungen während der Schwingungen bezeichnen.

74) *Zu S. 79.* Da *Maxwell* den Lichtäther als einen gewöhnlichen festen elastischen Körper betrachtet, gilt für ihn die der *Maxwell'*schen Gleichung 3 analoge Bewegungsgleichung eines festen elastischen Körpers, auf den keine äusseren Volumkräfte wirken:

1)
$$\varrho \frac{d^2\eta}{dt^2} = \frac{dp_{xy}}{dx} + \frac{dp_{yy}}{dy} + \frac{dp_{yz}}{dz}.$$

Für einen isotropen elastischen Körper sind die elastischen Kräfte p_{xx}, p_{xy} etc. durch *Maxwell'*s Gleichungen 82 und 83 als Functionen der Verschiebungen ξ, η, ζ ausgedrückt. Da für die jetzt betrachteten Transversalschwingungen $\zeta = 0$ und ξ und η nur Functionen von z und t sind, so sieht man daraus sofort, dass $p_{xx} = p_{yy} = p_{zz} = p_{xy} = 0$

$$p_{xz} = \frac{m}{2}\frac{d\xi}{dz}, \quad p_{yz} = \frac{m}{2}\frac{d\eta}{dz}$$

ist. *Maxwell* bezeichnet die Grössen, die er dort mit ξ, η, p_{xz} und p_{yz} bezeichnete, jetzt mit x, y, X, Y. Man hätte also:

2) $X = \dfrac{m}{2}\dfrac{dx}{dz}, \quad Y = \dfrac{m}{2}\dfrac{dy}{dz}.$

Er betrachtet jetzt die Lichtbewegung in Krystallen und daher den Aether als anisotropen Körper. Für diesen setzt er wieder $p_{xx} = p_{yy} = p_{zz} = p_{xy} = 0$, und schreibt statt der Gleichungen 2:

3) $X = k_1 \dfrac{dx}{dz}, \quad Y = k_2 \dfrac{dy}{dz},$

was dem Uebersetzer nur dann zweifellos gestattet scheint, wenn die Coordinatenebenen Symmetrieebenen sind*). Die Gleichung 1 lautet daher in der jetzigen Bezeichnung:

4) $\varrho \dfrac{d^2 y}{dt^2} = \dfrac{dp_{yz}}{dz},$

wo p_{yz} gleich der durch Gleichung 3 dieser Anmerkung gegebenen Grösse Y ist, wenn das Medium keine Wirbel enthält. Sind aber solche vorhanden, so ändert sich nach *Maxwell's* Vorstellung in Folge der Deformation und Drehung der Volumelemente während der Schwingungen fortwährend die daselbst vorhandene Wirbelbewegung nach den in Satz X entwickelten Gesetzen, wodurch wieder Kräfte auf die Volumelemente wirksam werden. Zu den elastischen Kräften kommen daher jetzt auch die durch die Veränderung der Wirbel bewirkten dazu. Bezeichnet man mit Y' die Componente der letzteren Kraft, welche der Componente Y der elastischen Kraft entspricht, so ist also jetzt:

5) $\varrho \dfrac{d^2 y}{dt^2} = \dfrac{dY}{dz} + \dfrac{dY'}{dz}.$

Die Grösse Y' bestimmt *Maxwell* durch folgende Ueberlegung: Da sich ohnedies in jeder zur xy-Ebene parallelen Ebene alle Punkte gleich verhalten, so betrachtet er einen aus dem Lichtäther gebildeten Cylinder, dessen Basis der xy-Ebene parallel ist und den Flächeninhalt eins hat, dessen Höhe aber dz ist. Die ausserhalb des Cylinders liegenden Aethertheilchen, welche der der negativen z-Richtung zugekehrten Basis des Cylinders unmittelbar anliegen, üben in der negativen y-Richtung die

---

*) Vergl. *Kirchhoff*, Vorlesungen über Mechanik, 27. Vorlesung.

Kraft $p_{yz} = Y$ auf die unmittelbar anliegenden Theilchen des
Cylinders aus. Ebenso wirkt auf die der Gegenfläche anliegenden Aethertheilchen des Cylinders in der positiven y-Rich-
tung die Kraft Y. Diese beiden Kräfte zusammen üben auf
den Cylinder das Drehmoment $M = Ydz$ im negativen Sinne
um die positive x-Axe aus. Analog übt auch die Kraft Y'
das Moment $M' = Y'dz$ im negativen, daher das Moment
$— Y'dz$ im positiven Sinne aus. Letzteres Moment muss nach
dem Flächenprincip dem Differentialquotienten des »Winkelmomentes« der Wirbel bezüglich der x-Axe, also nach de
Gleichung 144a:

$$= \frac{\mu}{4\pi} r\,dz\,\frac{d\alpha}{dt}$$

sein, woraus folgt:

$$Y' = - \frac{\mu}{4\pi} r\,\frac{d\alpha}{dt}.$$

Die Substitution dieses Werthes und des Werthes 3 dieser
Anmerkung für Y in die Gleichung 5 liefert die zweite von
Maxwell's Gleichungen 146.

Inwieweit es gerechtfertigt ist, die bei gleicher Schwingung
ohne Wirbel geweckte elastische Kraft Y und die auf Aenderung
der Wirbelbewegung nöthige Kraft Y' den Momenten M und M'
proportional zu setzen, mag nur noch an einem einfachen Beispiele
erläutert werden. Es sei eine geradlinige Kette von kleinen
Kugelschalen gebildet, deren Durchmesser δ sei. Je zwei seien
durch eine massenlose gespannte elastische Schnur verbunden.
Der Anfangspunkt der ersten und Endpunkt der letzten Schnur
seien fix. Nur die Kugelschalen haben Masse. Die Kette
soll, wie die Schnur des bekannten *Melde*'schen Apparates,
stehende Transversalschwingungen machen, wobei sich der
Mittelpunkt jeder Kugelschale in einem Kreise bewegen soll,
dessen Ebene senkrecht auf der ursprünglich von der Kette
gebildeten Geraden G sei; wir wollen dies als circuläre Transversalschwingungen bezeichnen. Dann werden die Schnüre
eine Sinuslinie bilden. Die Componente ihrer Spannung senkrecht zu G stellt die die Transversalschwingungen treibende
Kraft Y dar. Die Axen der Kugelschalen (Verbindungslinien
der Befestigungspunkte der Schnüre) stellen sich in die Richtung der letzteren. Auf sie wird zwar durch die Gesammt-
spannung der Schnüre kein Drehungsmoment ausgeübt, aber

die Spannungscomponenten Y allein würden das Drehungsmoment $M = Y\delta$ ausüben.

Es sollen nun die Kugelschalen rotirende Kreisel enthalten, deren Umdrehungsaxen mit den Axen der Kugelschalen zusammenfallen. Alle Kreisel, mit Ausnahme des im Schwingungsbauche befindlichen, müssen dann bei den früher geschilderten stehenden, circularen Transversalschwingungen der ganzen Kette eine Präcessionsbewegung machen, wobei ihre Pole Kreise im gleichen Sinne wie die Kette beschreiben. Um diese Präcession zu erhalten, müssen die Schnüre auf die Kugelschalen ein Drehmoment M' ausüben. Dasselbe muss, wenn die Kreisel im gleichen Sinne wie die Kette rotiren (Fall A) die Neigung der Axe gegen die Gerade G zu vergrössern streben, sonst (Fall B) zu verkleinern. Im ersteren Falle wirkt M' im selben Sinne, hat also gleiches Zeichen wie M, im letzteren entgegengesetztes. Die Axen der Kugelschalen stellen sich daher jetzt nicht mehr in die Verlängerung der Schnüre; irgend eine Schnur bildet jetzt einen Winkel ϑ'' mit der Geraden G, der im Falle A kleiner, im Falle B grösser als der Winkel ϑ ist, den sie früher bei gleicher Amplitude mit G bildete (also wenn die Kreise, welche die Mittelpunkte sämmtlicher Kugelschalen beschreiben, unveränderte Grösse haben). Die Componente der Schnurspannung senkrecht zu dieser Geraden ist jetzt die Kraft, welche die Transversalschwingungen treibt; sie heisse Y''. Wenn $M'' = Y''\delta$ das durch die Componente Y'' auf eine Kugelschale ausgeübte Drehmoment ist, so sieht man sofort, dass sich $Y'' : Y = M'' : M$ verhält. Andererseits ist bei gleicher Amplitude $M'' = M + M'$, da im Falle B, wo M und M' entgegengesetzt bezeichnet sind, ϑ'' die Differenz des Winkels ϑ und desjenigen Winkels ist, der das Moment M' erzeugen würde. In diesem Falle ist $Y'' < Y$ und die Schwingungen der Kette geschehen langsamer. Die Aenderung der Schwingungsdauer kann, wenn alle Verhältnisse gegeben sind, hiernach berechnet werden. Die Wirbel dürfen nicht mathematisch unendlich klein sein, weil sie sonst, wenn nicht ihre Geschwindigkeit unendlich wäre, keine Wirkung hätten.

Im elastischen Medium müssen daher auch die sie umschliessenden Volumtheile klein, aber endlich sein. Für diese Volumtheile darf nicht $p_{yz} = p_{zy}$ sein. Behufs Berechnung des Drehmomentes, welches auf diese Volumtheile um die x-Axe wirkt, betrachtet *Maxwell* nur die Kraft p_{yz}. Würde man annehmen, dass etwa p_{xy} auch die Hälfte dazu beitrage, indem es auch anders als bei gleicher Deformation ohne Wirbel ist, so würde das Resultat vielleicht etwas modificirt.

Ein Modell für die von *Maxwell* im 4. Theile dieser Schrift betrachteten mechanischen Vorgänge bietet ein nach Art des *Foucault*'schen beliebig um einen Punkt drehbares Pendel, das ein rasch rotirendes Kreisel enthält, dessen Rotationsaxe mit der Mittellinie der Pendelstange zusammenfällt. Die von der Pendelspitze beschriebene Curve kann durch ausfliessenden Sand oder eine Schreibspitze auf einer darunter befindlichen horizontalen Ebene sichtbar gemacht werden.

In *Maxwell*'s Fig. 12 stellen die unteren Pfeile die Kräfte dar, welche die oberen Theilchen auf die unteren ausüben, umgekehrt die oberen Pfeile. Die y-Axe muss nach rückwärts gezogen gedacht werden, wenn das Coordinatensystem ein englisches sein soll.

75) *Zu S. 80.* Hier bedeutet $\delta\alpha$ den Zuwachs, den α während der Zeit dt erfährt, δx aber den Zuwachs, den die Verschiebung x während dt erfährt. Dividirt man durch dt, so kann man daher $\dfrac{d\alpha}{dt}$ und $\dfrac{dx}{dt}$ für $\delta\alpha$ und δx schreiben.

76) *Zu S. 84.* Dabei ist noch für μ nach *Maxwell*'s Gleichung 1 der Werth $4\pi C\varrho$ oder $\pi\varrho$ zu setzen, wenn man wie in *Maxwell*'s Gleichung 1 a setzt: $C = \dfrac{1}{4}$ *). Eine Schwierigkeit besteht hierbei darin, dass μ fast in allen Substanzen nahe gleich, ϱ aber dem i^2 verkehrt proportional sein soll. Man müsste doch die Anzahl der Wirbel, die durch die Einheit der Querschnitte gehen, also die Dichte der Lagerung der Wirbel und damit C für verschiedene Substanzen verschieden annehmen.

---

*) Vergl. *Grätz*, Wied. Ann. 25 S. 165, 1885.

Inhaltsverzeichniss.

www.ingramcontent.com/pod-product-compliance
Lightning Source LLC
Chambersburg PA
CBHW021713210326
41599CB00013B/1640